費曼物理學講義 II

電磁與物質

1 靜電與高斯定律

The Feynman Lectures on Physics
The Definitive Edition
Volume 2

By Richard P. Feynman,
Robert B. Leighton, Matthew Sands

鄭以禎　譯
高涌泉　審訂

The Feynman

費曼物理學講義 II
電磁與物質

1 靜電與高斯定律　　　目錄

第1章 ｜ 電磁學　　　39

第6章

各種情況下的電場 181

The Feynman

第9章

大氣中的靜電　273

The Feynman

費曼物理學講義 II
電磁與物質

1 靜電與高斯定律

2　介電質、磁與感應定律

中文版前言

5 磁性、彈性與流體

The Feynman

關於理查‧費曼

　　1918 年，理查‧費曼（Richard Phillips Feynman）誕生於紐約市布魯克林區。 1942 年，他從普林斯頓大學取得博士學位。第二次世界大戰期間，他在美國設於新墨西哥州的羅沙拉摩斯（Los Alamos）實驗室服務，參與研發原子彈的曼哈坦計畫（Manhattan Project），當時雖然年紀很輕，卻已是計畫中的要角。隨後，他任教於康乃爾大學以及加州理工學院。 1965 年，他以量子電動力學方面的成就，與朝永振一郎（Sin-Itiro Tomonaga, 1906-1979）、許溫格（Julian Schwinger, 1918-1994）二人共獲諾貝爾物理獎。

　　費曼博士獲得諾貝爾獎的原因是量子電動力學成功的解決了許多問題，他也創造了一個解釋液態氦超流體現象的數學理論。他然後跟葛爾曼（Murray Gell-Mann, 1929- ，諾貝爾物理獎 1969 年得主）合作，研究弱交互作用，例如 β 衰變，做了許多奠基工作。費曼後來提出了在高能質子對撞過程的成子（parton）模型，成為發展夸克（quark）模型的關鍵人物。

　　在這些重大成就之外，費曼將一些基本的新計算技術跟記號，引入了物理學，尤其是幾乎無所不在的「費曼圖」。在近代科學史上，費曼圖和任何其他理論形式相比，可能使人們思考以及計算基本物理過程的方式改變最劇。

　　費曼是一位非常出色的教育家，在他一生眾多的獎賞中，1972
年所獲的厄司特教學獎章（Oersted Medal for Teaching）特別令他驕
傲。《費曼物理學講義》這套書最初發行於1963年，有位《科學
美國人》雜誌的書評家稱該書「……眞是難啃，但是非常營養，風
味絕佳。即使是已出版了二十五年，它仍是教師及最優秀入門學生
的指南。」爲了增長一般民眾對於物理的瞭解，費曼博士寫了一本
《物理之美》（*The Character of Physical Law*）以及《量子電動力學——
光與物質的奇異理論》（*Q.E.D.: The Strange Theory of Light and
Matter*）。他還出版了一些專精的論著，成爲後來物理研究者與學生

的標準參考書跟教科書。

　　費曼也是一位有功於公眾事務的人。他參與「挑戰者號」太空梭失事調查工作的事蹟，幾乎家喻戶曉，尤其是他當眾證明橡皮環不耐低溫的那一幕，是非常優雅的即席實驗示範，而他所使用的道具不過冰水一杯！比較鮮為人知的例子，是費曼在 1960 年代初期在加州課程委員會的工作，他當時不滿的指出小學教科書之庸俗平凡。

　　僅僅重複敘說費曼一生中，於科學上與教育上的無數成就，並不足以說明他這個人的特色。正如任何讀過即便是他最技術性著作的人都知道，他的作品裡外都散發著他鮮活跟多采多姿的個性。在物理學家正務之餘，費曼也曾把時間花在修理收音機、開保險櫃、畫畫、跳舞、表演森巴鼓、甚至試圖翻譯馬雅古文明的象形文字上。他永遠對周圍的世界感到好奇，是一位一切都要積極嘗試的模範人物。

　　費曼於 1988 年 2 月 15 日在洛杉磯與世長辭。

修訂版序
費曼最寶貴的遺產

索恩

　　四十多年前，費曼教了一次（爲時兩年）大學新生的物理學入門課程，他的講稿隨後付梓出書，成爲三大卷的《費曼物理學講義》。這四十年來，儘管我們對物理世界的瞭解已經改變了很多，然而由於費曼獨到的物理見解及教學方法，這套書的內容居然歷久彌新，震撼力量強大依然。這套講義風行全球物理學界，從初窺門檻到學有專精者，皆用心研讀。它至少被翻譯成十幾種外國文字，而英文版至今已印行超過一百五十萬套。以其衝擊之廣泛、長久，或許沒有其他物理書籍能出其右。

　　這部新的《費曼物理學講義》（修訂版）與以往的版本有兩點不同，其一是原版本中所有已知錯誤，在這最新版本中都已修正，其二是增添了第四卷，名爲《費曼物理學訣竅──費曼講義解題附錄》（*Feynman's Tips on Physics: A Problem-Solving Supplement to the Feynman Lectures*）。這本《附錄》收錄了原來費曼課程中未被放進原版本的四次演講：其中三篇討論解題方法、另一篇是關於慣性導引。再加上一套當年由費曼的同事羅伯‧雷頓（Robert B. Leighton）與沃革特（Rochus Vogt）所準備的習題及答案。

版本淵源

最初出版的三卷《費曼講義》是由費曼與同事羅伯・雷頓以及山德士（Matthew Sands）合作，在極短時間內，根據費曼 1961～63 年的講堂實況錄音及黑板照片，彙整擴充而成。[1] 在這種情況下，錯誤自然就無無可避免的溜了進來。在往後的歲月裡，費曼收集了許多別人宣稱找到的錯誤，這些錯誤是由加州理工學院的師生，以及世界各地的讀者所發現的。1960 年代到 1970 年代早期，費曼曾在百忙中抽空，核對了第 I、II 卷中多數為人指出的錯誤，並把修正結果陸續插入隨後加印的新書之中。然而他的責任感從沒有超越自己對於發現新鮮事的熱忱，所以他一直沒有花時間去處理第 III 卷的錯誤。[2] 費曼在 1988 年不幸去世後，那些尚未由他親自查核的錯誤清單便存放在加州理工學院的檔案室而遭人遺忘。

2002 年，拉夫・雷頓（Ralph Leighton，已故的羅伯・雷頓之子，同時也是費曼好友）來告訴我書中錯誤之事，並且說他有位朋友，名叫高利伯（Michael Gottlieb），另外整理了一長串新發現的錯誤。拉夫・雷頓建議由加州理工學院出面製作一套《費曼講義》的新修訂版，將舊版的錯誤全部更正過來，而且在發行時另外加上一

---

[1] 原注：關於費曼開講到成書的來龍去脈，請參閱本書之專序、費曼自序及前言等文（各卷中的第 1 冊皆有），以及《附錄》裡所收錄的山德士回憶錄。

[2] 原注：1975 年間，費曼曾一度開始核對第 III 卷的錯誤，不料突被其他事務打斷，而未能完成這項工作，所以第 III 卷的錯誤也就一直未修訂。

卷由他和高利伯所編輯的《附錄》。其中拉夫・雷頓希望我幫忙兩件事，一是審閱《附錄》中由高利伯整理的四篇費曼講稿，以免出現任何物理錯誤，二是取得院方同意，讓這本《附錄》跟三卷《修訂版》合併發行。

費曼是我的英雄，而且是至交好友，當我看到那些書中錯誤清單以及《附錄》內容時，即刻答允全力幫忙。而且幸運的是，我心中正好有一位可以檢視錯誤以及《附錄》裡物理觀念的理想人選：哈寶（Michael Hartl）博士。

那時哈寶剛從加州理工學院修得物理博士學位，曾獲得大學部學生選拔的「優良教師終生成就獎」。以校內研究生身分榮獲該獎，他是破天荒的第一人。哈寶深諳物理學，是我所識的人之中，最一絲不苟的物理學家之一，而且他和費曼一樣，也是一位傑出教師。

於是我們達成協議：由拉夫・雷頓跟高利伯編寫《附錄》（他們的表現極出色），雷頓與高利伯會獲得費曼子女卡爾和米雪的授權，因為他們擁有這四篇講稿的著作權，要落實該計畫，必須由他們正式授權。同樣的，擁有《附錄》中的練習題跟解答部分著作權的沃革特與拉夫・雷頓本人也會授權。而拉夫・雷頓、高利伯、跟卡爾及米雪，也同意把《附錄》內容的最後增刪權交給我。加州理工學院院方，由物理、數學及天文系的系主任湯布里羅（Tom Tombrello）代表，授權給我全面負責這部《修訂版》的修訂工作，同時也同意讓《附錄》跟《修訂版》一起發行。

所有相關人士都同意由哈寶代表我，仔細修訂《修訂版》其中的錯誤，並且編審《附錄》中物理的內容及風格。而我則是隨機抽查哈寶的工作，並負責所有四卷最後定稿。最後由艾迪生・維斯理（Addison-Wesley）出版社完成全部出版計畫。

我很高興最後一切都順利完成！我相信費曼會很欣慰、對成品
引以爲傲。

錯誤修正部分

這個版本中所修正的錯誤來源有三：約百分之八十來自高利
伯；剩下的百分之二十中，大部分源自一位匿名讀者，他在 1970
年代初期，經由出版社轉手，交給了費曼一大張錯誤清單；最後剩
下的則是由各地讀者提供給費曼或我們的一些零碎錯誤。

已修訂的錯誤主要分三種類型：

(1) 內文中排版印刷上的錯誤；(2) 方程式、表格及圖中，約
150 個排版及數學上的錯誤，包括錯誤的正負號誤用、數字不正確
（譬如，原本應該是 4 的地方，誤印爲 5）、以及方程式中漏掉的下
標、總和符號、括號、及項數等等；(3) 50 處左右的錯誤指引，指
認錯了章節及圖表。這類錯誤對於成熟的物理學家來說並不嚴重，
但對於費曼視爲主要對象的年輕學子來說，卻會造成許多不必要的
挫折感跟困擾。

在這麼多的錯誤之中，跟物理有關的疏忽居然只有兩個：其一
是在第 I 卷第 45 章中，改正之後爲：「我們把一條橡皮筋拉長時，
發現它的溫度會**上升**」，而非原來的「下降」。其二則是在第 II 卷的
第 5 章中，現在是：「……在一個閉合且接地的導體內的任何電荷
靜電分布，不會在導體外產生任何電場」（其中「接地」一詞在原
來版本中不幸被省略掉了）。

這第二個錯誤曾經有好多名讀者向費曼反映過，其中包括了威
廉與瑪莉學院（The College of William and Mary）的學生考克斯
（Beulah Elizabeth Cox），她在一次考試中引用了這錯誤的說法，使得
費曼在 1975 年爲這件事寫了一封信給考克斯，[3] 其中說：「你的老

師沒給你分數是正確的，因爲你的答案錯了。他不是已經利用了高斯定律證明給你看了？在科學上，你應該相信嚴謹的邏輯和仔細的論證，而不要相信權威。你確實很正確的讀了我的書，也瞭解書的內容。我弄錯了，所以書上的敘述是不對的。我當時所想的，可能是一個接了地的導體圓球，或者是在導體內將電荷移動到另外一個地方並不會影響到外面的東西這件事實。我現在已經記不得當時在想些什麼。但我弄錯了。你因爲相信我，也跟著受害。」

當費曼知道這個錯誤跟其他錯誤時，心裡並不舒服。在他 1975 年寫給出版社的一封信內曾提到：「在第 II 卷跟第 III 卷中，有些錯誤不只是排版之誤。」我不知道還有什麼其他錯誤。尋找它們倒是可以做爲未來讀者的一項挑戰！高利伯爲此特地架設了一個網站（www.feynmanlectures.info），上面記載著這個版本中更正的全部錯誤，以及未來讀者可能發現的任何新錯誤。

附　錄

《費曼物理學訣竅》確是魅力四射的第四卷，它的重點就是恢復費曼自序中所提到的那四堂課：「我的確在第一年課程裡用了三堂課來講解如何解題，但它們沒有被收錄進書內。另外還有一堂課談到慣性導引，照理應該是放在旋轉系統那一講的後面，卻不幸被遺漏掉了。」

高利伯和拉夫・雷頓合作，依照四十年前拉夫的父親跟山德士

---

[3] 原注：見《費曼手札——不休止的鼓聲》（*Perfectly Reasonable Deviations from the Beaten Track*）。（中文版由葉偉文譯，天下文化出版，見第 439～440 頁。）

的老辦法，將那四堂課的講堂錄音和黑板照片轉換成了《附錄》中的文字。和四十年前不同的是，他們沒有當年的緊迫時間壓力，可是費曼已然不在，無法由他親自審閱寫成的文稿，所以只好由三位原作者中的山德士扮演當年費曼的角色，提供高利伯建議，最後由哈寶和我做最後審訂。所幸高利伯很高明的將費曼的四堂課呈現在紙上，讓審校工作非常輕鬆。這四篇「新」講義讀來非常有趣，尤其是其中費曼建議班上後半段的同學應該如何自處的那些段落。

　　《附錄》中除了這四篇「新」講義外，還收錄了一篇同樣讀來愉快的山德士回憶錄，追憶四十三年前《費曼物理學講義》成書的往事，以及一套很棒的習題及解答。這些習題與解答是 1960 年代中期，由羅伯・雷頓與沃革特設計用來與《費曼物理學講義》搭配的教學工具。物理系同事中有幾位加州理工學院畢業的，在學生時期曾從頭到尾做過這套習題，他們告訴我說這些習題及解答設計完善、非常有用。

版本結構

　　《修訂版》開頭的正文前部分，以羅馬數字做為頁碼。這是「現代」開始的做法，但是比本書的初版晚了很多。這部分包括一篇簡短的費曼小傳、我的這篇序文、以及一篇專序。專序是 1989 年由紐格包爾（Gerry Neugebauer）以及古德斯坦（David Goodstein）合寫（紐格包爾曾參與這套書最早版本的編輯工作，古德斯坦為《力學世界》課程與影片的作者與製作人）。接下來的正文部分則是另以阿拉伯數字 1、2、3……做為頁碼，正文部分除了已修訂的錯誤之外，其內容跟初版完全一致。[4]

對費曼講課之回憶

這三卷《費曼物理學講義》是一套完備的普通物理學教科書。此外它們也是費曼在 1961 ~ 1963 年講授課程的歷史紀錄。當時加州理工學院要求所有大學部的一、二年級學生，無論主修什麼科系，都必須修習這門課程。

讀者看到這兒也許會像我一樣，很想知道費曼講課對學生們的衝擊究竟如何。費曼在這套書的自序裡，給了一個相當負面的看法，他寫道：「我認為就學生的觀點看，我並不是太成功。」而古德斯坦跟紐格包爾在他們所寫的 1989 年專序裡面，認為結果是好壞參半。然而山德士為這本新《附錄》所寫的回憶錄裡面，則表示了一個遠為正面的看法。

我出於好奇，在 2005 年春天，從 1961 ~ 63 年上過費曼物理課的班級，準隨機的選出了 17 位學生（總數約 150 人左右），以電子郵件或面談方式跟他們連絡，其中有人當年修習該門課程時遇到極大困難，也有人輕鬆取得高分過關。他們的主修科目分別有生物、化學、工程、地質、數學及天文、還有物理。

或許是流逝的歲月為他們的記憶增添了歡樂色彩，在我訪問過的學生裡面，約有百分之八十認為，費曼物理課是他們記憶裡大學生活中最精采、最有趣的部分。

以下是一些回應：「上費曼的課，像是上教堂。」整個課程就是「一個轉變人生的經驗。」「這門課是一生中最重要的一次經歷，也許是我從加州理工學院獲得的最重要東西。」「我主修生物，但費曼的物理課是我的大學教育中非常重要的經驗……雖然我

---

⁴ 中文版注：中文版全書以阿拉伯數字做為頁碼，與原版不同。

必須承認，當時他交代下來的課後作業我都不會做，所以幾乎從未交過作業。」「我大概是班上程度最差、最沒指望拿到好成績的學生，但是我每堂必到，從未缺席……我現在仍然記得、也能夠感覺到費曼語調中那種發現東西的樂趣……他的課有著一種……感情上的衝擊，也許他的講課印成書後，這個衝擊便消失啦。」

相對的，也有幾位學生表達了負面的印象，主要原因有二：

(1)「聽他的課並不能學到如何做習題。費曼過於滑頭——他知道種種訣竅以及可以用什麼近似。而且具有基於經驗跟天才上的直覺，剛入學的新生沒有這些本事。」其實，費曼跟他的同事們不是不知曉這個缺陷，他們也想了辦法去補救，其中一部分就是這次被併入《附錄》的羅伯・雷頓—沃革特習題與題解，以及費曼的三堂解題課。

(2)「由於不能預知下一堂課要討論的範圍，帶給了學生不安全感。而沒有跟演講內容有關的教科書與參考書可用，使得我們無法預習而感覺非常挫折……雖然在講堂裡我認為他教得非常出色、而且也很容易就能聽懂，但是一走出教室（當我回想著要把細節重組起來時），它們就變得像梵文一樣讓我漫無頭緒了！」當然，這個問題自從有了三卷《費曼物理學講義》之後、已不再是個問題。數十年來，它們不但是加州理工學院學生的入門教科書，如今且已成為費曼最偉大的遺產之一。

誌 謝

首先這部《費曼物理學講義》的修訂版之所以能成為事實，關鍵人物有三位：拉夫・雷頓跟高利伯的發起及熱心推動，以及哈寶細心改正錯誤的出色工作。此外，我得謝謝高利伯及許多無名讀者，書中的修正都是根據他們所提供的錯誤清單。最後我還得謝謝

湯布里羅、沃革特、紐格包爾、哈托（James Hartle）、卡爾・費曼、米雪・費曼、以及布拉克（Adam Black）等人的支持、建議、以及對於整個計畫的貢獻。

索恩（Kip S. Thorne）

理論物理費曼講座教授

2005 年 5 月於加州理工學院

紀念版專序
最偉大的教師

古德斯坦、紐格包爾

　　費曼教授垂暮之年，他的盛名早已超越科學的藩籬。他在擔任「挑戰者號」太空梭失事調查委員會成員期間的成就，帶給他廣泛的新聞曝光機會。同樣的，一本關於他早年遊蕩冒險經歷的暢銷書，則使得他成為一位幾乎與愛因斯坦齊名的民間英雄。但是早在1961年，或是在他因為榮獲諾貝爾獎（1965年）而在大眾心目中知名度起飛之前，費曼在科學界已經不只是著名而已，簡直就是傳奇人物了。當然，他在教學上那極為出色的本事也有助於傳播並充實了理查‧費曼的傳奇。

　　他是一位真正偉大的教師，很可能是他自己那個時代以及我們這個時代的教師中最偉大的一位。對費曼來說，講堂就是戲院，教師就是演員，在負責傳遞事實與數據之餘，還必須提供戲劇性場面和聲光效果。他會在教室前面來回走動，同時揮舞著雙臂。

　　《紐約時報》曾這麼報導：「他是理論物理學家加上馬戲班的吆喝招徠員的一個不可思議的組合。各式各樣的肢體語言與聲效，能用的全給他用上啦！」。不論他的演講對象是學生、同事或是一般民眾，對於有幸親身見識費曼演講的人來說，這種經驗通常都是不同凡響的，而且是永難忘懷的，就像費曼本人給人的印象一樣。

只此一家，別無分號

費曼是創造高度戲劇效果的高手，很能吸引講堂中每一位聽眾的注意力。許多年以前，他開了一門高等量子力學課，聽講人數眾多，其中除了少數幾個註冊修學分的研究生之外，幾乎整個加州理工學院的物理教師全到齊了。有一堂課，費曼開始解釋如何用圖畫來代表某些複雜的積分：這根軸代表時間，那根軸代表空間，一條扭動的線取代了這條直線，等等。在描述完一幅物理學裡所謂的費曼圖後，他轉過身來，面對著滿屋子聽眾，一臉頑皮的露齒而笑，大聲說道：「而這就是那鼎鼎有名的圖！」費曼說的這句話，就是該場演講的結尾，整間講堂立即爆出轟然掌聲。

在他如期教完一次加州理工學院大學部新生的物理課程，並隨即把所講解的內容編輯成了這部教科書《費曼物理學講義》之後，在很多年內，費曼仍不時應邀到新生物理課去客串講課。當然，每回他去開講，事前都得嚴守祕密，免得屆時講堂過分擁擠，修課的學生反而找不到位子。

有一回費曼去演講彎曲時空，他的表演照常是非常傑出的，只是這一次，令人難忘的一幕出現在演講的開場白裡面。當時超新星 1987 剛被人發現，費曼異常興奮。他說：「第谷（Tycho Brahe, 1546-1601）有他的超新星，刻卜勒也有他的超新星。接下來四百年，再也沒有其他超新星出現，如今，我終於也有了我的超新星！」

此時，教室裡是一片寂靜，費曼接著說：「我們這個銀河系裡面，一共有 10^{11} 顆恆星。以前這算得上是一個**巨大**的數字，但也不過是一千億而已，其實它還比我們政府的赤字來得少！我們以前總把很大的數目稱為天文數字，現在我們應該稱之為經濟數字才

對。」一時之間，整間教室籠罩在一片笑聲之中。而費曼在抓住了聽眾之後，就開始講他的正課。

先想清楚：學生為何要上這門課？

費曼的表演不論，他的教學技巧倒是非常簡單。在加州理工學院的檔案裡，夾雜在他的論文中間，我們找到他對教學哲學所作的總結。這是他在 1952 年間，在巴西寫給自己的一張字條，上面寫著：

第一件事是先想清楚，你爲什麼要學生學習這門課，以及你要他們知道哪些東西。只要想清楚了這些事，則大致上憑常識就能知道該用什麼方法。

而費曼經由「常識」的啓發所得到的結果，往往是非常高明的訣竅，完美抓住了他要表達的重點。有一回公開演講，他試圖向聽眾解釋，爲什麼根據一組實驗數據推想出一項觀念後，我們絕對不能再用這一組數據來驗證這項觀念是否屬實。在講解這個原則時，費曼居然開始談起汽車牌照，好像他漫不經心偏離了主題。他說：「你們可知道，今晚有件絕頂奇妙的事情發生在我身上。在我來此講課的路上，從停車場經過。你們決想不到會發生這樣巧的事，我看到一部車，車牌號碼是 ARW357。你想想看，加州全境內的車牌爲數何止數百萬。在那麼多的車牌裡面，今晚能夠看到這個特殊的車牌號碼，機率會是多少呢？眞是稀奇吧！」透過費曼出色的「常識」，一個讓許多科學家覺得棘手的觀念，立刻一清二楚。

費曼在加州理工學院服務的三十五年間（從 1952 到 1987 年），費曼共開過三十四門課。其中有二十五門屬高等研究生課

程，按規定只讓研究生選修，大學部的學生則得先提出特別申請，獲准之後才能選修（不過實際情形是經常有大學生申請，也幾乎每個申請人都獲得批准），其他的課多是研究生的入門課程。只有一次的課，是純粹以大學部學生為對象，那是在 1961～1962 和 1962～1963 兩個學年內，以及 1964 年有一段短暫的重複。所以事實上他只在這一段著名的期間教過大一、大二物理，當時所講的講稿內容，就變成了後來的《費曼物理學講義》。

在那個時候，加州理工學院有個共識，認為大一、大二學生對必修的兩年物理課程，大都感到枯燥乏味，而不是受到激勵。為了彌補這個缺失，校方要求費曼重新設計一套兩年連續課程，從大一開始上，大二接著繼續上一年。當他同意接下這項任務之後不久，大家又決定，課程講義應該整理出版。

可是沒有人預料到這件差事會有多麼困難。如要拿出能夠印行的書，費曼的同事必須下極大的功夫，費曼自己也得如此，因為每章最後定稿仍得由他來完成。

課程的種種細節必須仔細處理，但是由於費曼事先對於他要討論的內容只有個大略的綱要，使得課程的事務變得非常複雜。這意味著在費曼站到講堂前面，面對滿座的學生開口之前，沒有人知道他會講些什麼。幫助他的加州理工學院的教授們在課後就得立即處理一些俗務，譬如針對他的演講設計一些作業等等。

讓物理學改頭換面

為什麼費曼願意花費兩年多的時間，來改革物理學入門課的教學？他從未與人說過，我們也只能猜測，不過大概有三個基本原因。首先是他喜愛有一堆聽眾，而大學部的課程和研究所的課相比，舞台更大，聽眾更多。其次是他的確由衷關心學子，認為教導

大一學生是重要的事。第三，也可能是最重要的一點，就是單純基於接受這項挑戰的樂趣。他要把物理學按照他本人所瞭解的，改頭換面一番，讓年輕學子容易接受。

這最後一點正是他的看家本領，也是他用來判斷事情是否真正弄清楚了的客觀標準。有一次，一位加州理工學院的教授向費曼請教何以自旋（spin）1/2 粒子必須遵守費米─狄拉克統計（Fermi-Dirac statistics）。費曼很瞭解對方的程度，所以就說：「我會準備一回大一程度的演講來解釋這個問題。」可是過了沒幾天，費曼去找那位教授，告訴他說：「真抱歉，我已經試過了，但是一直無法把它簡化到大一的程度。也就是說，我們其實還不瞭解為什麼是這樣。」

費曼把深奧的觀念化約成簡單易懂的說法，在《費曼物理學講義》這部書中顯露無遺，尤以他處理量子力學的方式最能表現這種本事。對費曼迷來說，他所做的再清楚不過，他把路徑積分教給剛入門的學生。這個方法是他自己創造出來的，讓他得以解決一些物理學裡最深奧的難題。費曼運用路徑積分所獲得的研究成果，加上一些其他成就，為他贏得了 1965 年的諾貝爾物理獎。那一年的共同得獎人是許溫格（Julian Schwinger）與朝永振一郎（Sin-Itiro Tomonaga）。

《費曼物理學講義》的價值

雖然時間上已經超過了三十年，許多當年上過他這門課的學生與教授說，跟著費曼學兩年物理是一輩子忘不了的經驗。但這是多年之後的回憶，當時人們的印象似乎並非如此。許多學生害怕這門課。課程進行中，修課的大學部學生出席率開始大幅降低，但同時也有愈來愈多的教授和研究生跑去聽課。教室仍坐滿了人，但費曼

很可能一直不知道，他原來設想的聽眾漸漸減少了。

　　不過即使費曼不知道聽眾已經換了一批，他也覺得自己的教學效果不是頂好。他在 1963 年為《費曼物理學講義》寫序，裡面說：「我認為就學生的觀點看，我並不是太成功。」當我們重新閱讀這部書時，有時我們似乎感覺到費曼本人正站在我們背後指指點點，他的對象不是那些年輕的學生，而是物理同儕。費曼好像在說：「仔細看清楚！看我這個巧妙的講法！那不是很聰明嗎？」雖然他認為已經對那些大一或大二生把一切都解釋得夠清楚了，事實上，從他的演講中受益最多的一群並不是那些大學新生，而是他的同行，包括科學家、物理學家、大學教授，他們才是費曼這項偉大成就的主要受益對象，他們學到的正是費曼鮮活的觀點。

　　費曼教授不只是一位偉大的教師，他的天賦在於他是一位非凡的老師們的老師。如果他講授費曼物理學的目的，只是為了教育一屋子大學部學生去解答考卷上的問題，我們不能說他有任何特別成功之處。此外，如果他的目的是為了寫一套大學入門教科書，我們也不能說他非常圓滿的達成了目標。

　　但無論如何，這套書目前已經被翻譯成十種外國語文，另有四種雙語版本。費曼自己相信，他對物理學最重要的貢獻不會是量子電動力學，也不是超流體氦的理論，或極子（polaron）或成子。他這輩子最重要的貢獻就是那三紅本《費曼物理學講義》。他本人這個信念，讓我們有充分的理由來出版這套名著的紀念版。

古德斯坦（David L. Goodstein）

紐格包爾（Gerry Neugebauer）

1989 年 4 月於加州理工學院

費曼序

本書的內容是前年跟去年，我在加州理工學院對大一和大二同學的物理課演講。當然，書中內容並非當時演講的逐字紀錄，其間或多或少經過了一些編輯。這些演講只是整個課程的一部分。修課的學生共有 180 位，他們一週兩次聚在一間大講堂內，聆聽這些演講。課後，這些學生就分散成許多小組，每組約有 15 到 20 位學生，在助教的指導下作複習。此外，每週還有一次實驗課。

這些演講的用意原是爲了解決一個滿特殊的問題，這個問題就是如何維持大學新生對物理的興趣。他們從高中畢了業，進到加州理工學院來上大學，對物理非常熱中，又相當聰明。他們入學之前已經聽說過物理這門科學是多麼的刺激有趣，裡面有相對論、量子力學、以及各式各樣的時髦觀念。

不過他們在修了兩年的舊物理課程之後，許多同學就已經變得非常沮喪。因爲從那種課程裡面，他們很少聽到了不起的現代新觀念。他們所學習的淨是些斜面、靜電學之類的東西。兩年下來，同學們反而變得麻木了。因此當時我們所面對的問題是：能否設計出另一套新課程來，以便使得程度較高、較有興致的同學維持其熱忱。

這些演講絕對不是一般性的物理學介紹，而是很嚴謹的。我想

要把班上最聰明的同學當作對象，但即使最聰明的同學，也無法完全瞭解演講中提到的每一件事，我想在可能範圍下儘量做到一件事，那就是在主題探討之外，提一下想法與觀念在各種情況下可能有的應用。所以我下了很大的功夫，務必使所有的說明都儘可能的精確，並且在每個情況下，隨時提醒同學，所提到的方程式和觀念如何放進物理架構中，以及他們在學了更多的知識之後，這些觀念可能得如何修正。

同時我還認為，教育優秀的學生，重點是要讓他們瞭解什麼是他們應該可以從過去所學的東西推導出來的，而什麼又是全新的概念，只要他們足夠聰明。每回遇到不一樣的觀念，如果它是可以推導的，我就會設法把它推導給大家看。否則我就會告訴同學，它**的確**是個嶄新的觀念，是加進來的東西，不能用以前學過的觀念來討論，所以是不能證明的。

鎖定積極進取的學生

在開始講這些課時，我假定同學離開高中之前，已經具備某些基本知識，例如幾何光學、簡單的化學觀念等等。另外我也不認為有任何理由，須把所有演講安排成一定的次序。也就是說，如果演講內容有一定的順序，那麼我在仔細討論某個概念之前，就不允許先去提到它。事實上，我會在沒有完整說明的情況下，多次先去提到以後要講的東西，然後等到一切準備妥當、時機成熟後，才進一步做詳盡的討論。例如電感、能階的討論，首先都有一些定性的介紹，以後才會比較完整的去講解。

儘管我把講課主要對象鎖定為班上比較積極進取的同學，我希望也能兼顧到另一類同學。對他們來說，課程中那些額外的煙火以及附帶的應用，只會讓他們不安。我不期待這些同學能夠學會大半

的演講內容。我的講演至少有個他**可以**理解的核心或基礎材料。我希望他們不要因爲不能完全聽懂我的講演，而緊張起來。我不期待他們能夠瞭解一切，而只是要他們能弄清楚其中最重要、最直截了當的部分。當然，同學還是需要具有某些慧根，才能分辨出來哪些是中心定理和緊要觀念，哪些又是比較高深的附帶問題和應用。那些較難的部分，他們只能留待以後去弄懂。

　　當時講授這門課有個嚴重的缺失，就是課程進行的方式讓我無法從學生獲得任何關於演講的建議。這的確是嚴重的問題，到了今天我仍然不知這門課的口碑如何。整件事情基本上是一場試驗。設若現在另給我機會重新來過，內容肯定不會跟上次一模一樣，不過我希望**不必要**再講一次！但我自己覺得，就物理而言，第一年的課程令人相當滿意。

　　第二年則不是很令我滿意，原因是第二年課程一開始，輪到討論電與磁。我實在想不出來，有什麼能夠不跟往常雷同，卻又比較有趣的講解方式，所以我認爲我對於電與磁的那些演講，沒什麼太大的作爲。講完電與磁之後，原本接下來是打算講些物質的各種性質，不過只要是講一些例如基諧模態（fundamental mode）、擴散方程式的解、振動系統、正交函數（orthogonal function）等等，也就是所謂「物理的數學方法」入門。現在回想起來，我又覺得如果我能重講一次，我會回到原來的構想。但是由於事實上並沒有重講的計畫，於是有人建議或許介紹一些量子力學可能是不錯的主意，這也就是你看到的《費曼物理學講義》第 III 卷。

　　大家都明白，希望主修物理的同學，大可以等到三年級才修量子力學。但是我這門課有許多同學，主要志趣是在別的學科上，他們只是把物理當成學習其他學科的背景知識而已。而通常一般講解量子力學的方式，會使得後面這類學生中的絕大多數，不會去選修

量子力學，因爲他們沒有那麼多的時間去花在量子力學上。然而在量子力學的實際應用上，尤其是一些比較複雜的應用，像在電機工程和化學領域裡，事實上並不需要用到量子力學裡叫人眼花撩亂的微分方程。所以我想出來了一個描述量子力學原理的辦法，學生不必先懂得微分方程式，就可以開始學習量子力學。

即使對物理學家來說，這樣把量子力學倒過來講，也是很有趣的挑戰。其中原委，讀者只需看過演講內容便不難明白。不過我認爲這樣子教導量子力學的新嘗試並不是很圓滿，主要是因爲最後沒有足夠的時間，因而只得把能帶（energy band）和機率幅在空間中的變化等一些重要東西，匆匆一筆帶過，我應該多花三、四節課來討論這些東西。此外，由於我以前從未用過這種方式講解量子力學，使得缺乏教學互動的缺陷更加嚴重。現在我相信，量子力學還是讓同學晚些學比較妥善。如果將來有機會再來一次，我想我會改正過來。

至於書中沒有專門探討如何解題的演講，是因爲課程中本來就有演習課，雖然我的確在第一年課程裡用了三堂課來講解如何解題，但它們沒有被錄進書內。另外還有一堂課談到慣性導引，照理應該是放在旋轉系統那一講的後面，卻不幸被遺漏掉了。又書中的第15、16兩章，因爲那幾天碰巧我有事外出，事實上是由我的同事山德士代的課。

期待教學相長

當然，大家都想知道這場試驗的結果，成敗究竟如何。依我個人的看法，可說是相當悲觀，雖然多數與學生有接觸的同仁並不同意這樣的看法。我認爲就學生的觀點看，我並不是太成功。當我看到大多數同學考卷上的答案，我想整個系統是失敗了。

　　當然，我的朋友指出了，學生當中有十幾二十個人，居然能瞭解全部演講裡面幾乎所有的內容。這些同學非常起勁的學習，而且能夠興致勃勃的思考很多細節。我相信這些人目前已經具備最一流的物理知識背景，而他們正是我原先心目中最想要教導的對象。但是話得說回來，歷史學家吉本（Edward Gibbon, 1737-1794）說過：「除了在特殊的情況下，教學大致是沒有什麼效果的，而在那些有效果的愉快場合中，教學幾乎是多餘的。」

　　無論如何，我絕無意思要放棄任何學生，不過結果可能未如理想。我認為有個可行的辦法可以多幫忙一些同學，那就是再多下點功夫，製作出一套習題來，希望藉以把演講中的觀念闡明得更明白。習題往往能彌補演講素材的不足，可讓物理觀念變得更真切、更完整、更能深入腦海。

　　不過我想，教育問題只有一個解決辦法，就是認清只有當學生與好老師之間存在著直接的關係之下，老師才可能把課教好，在這種情況之下，學生可以和老師討論想法，思考事情，以及談論所學。光是到教室聽講，甚至只是把老師指派的習題都做過一遍，學習效率仍不會非常理想。但是現今學生人數太多，我們必須找出能替代理想方式的法子。

　　也許，我的這些演講能夠有些貢獻。也許，在世上某個角落，仍有一些個別的老師與學生，他們可以從這些演講中得到某些靈感或是想法。或許他們在思考這些觀念時，能獲得一些樂趣，甚至能進一步發展書中的一些想法。

　　　　　　　　　　　　　　　　　理查・費曼（Richard P. Feynman）
　　　　　　　　　　　　　　　　　1963 年 6 月

前　言

山德士

近四十年來，理查‧費曼將其好奇心集中於物質世界的運作奧祕，並以其聰明才智於混沌中尋找出自然規律。現在他以兩年的時間，把能力與精力用於為大學新生演講物理學。對於這些學生來說，費曼將其知識的菁華呈現出來，同時以他們可望能夠掌握的語言創造出物理學家的宇宙觀。費曼將其過人才智、清晰的思想、思路的原創性與活力、具有感染力的上課熱情帶入了演講之中。對旁觀者來說，這眞是一件樂事。

費曼第一年的演講，構成了本套書第 I 卷的基礎。在第 II 卷中，我們希望將費曼第二年演講的一部分記錄下來，這些紀錄曾分發給 1962 ～ 1963 學年度的大二生。第二年演講其餘的部分，會出現於第 III 卷。

完整的電磁學及其他主題

第二年演講的前三分之二，對於電與磁的物理有相當完整的說明。這一部分課程有兩個目標。首先，我們希望讓學生對於物理學中偉大的一章有完整的認識——從富蘭克林最早的摸索，到馬克士威偉大的整合，乃至說明材料性質的勞侖茲電子理論，最後還包括尚未解決的電磁自能（self-energy）難題。

　　其次，我們希望能夠藉由一開始就引入向量場微積分，將場論的數學扎實的介紹給學生。我們為了強調數學方法應用上的普遍性，有時候會將其他物理部門中相關的題材，和它們於電學上有數學對應關係的題材，放在一起分析。我們盡量不停的強調數學的一般性（「相同的方程式有相同的解」）。我們也透過課程內的習題與考試來強調這一點。

　　在電磁學之後，我們討論了彈性與流體，分量各為兩章，其頭一章都是對於基本與實際面向的討論。每一主題的第二章則是試著對於此一主題所能導致的複雜現象做一全盤介紹。如果將此四章省略掉，不會有什麼損失，因為它們不是研讀第 III 卷所需具備的知識。

　　第二年最後四分之一大致上是在介紹量子力學。這一部分的材料已經放進第 III 卷。

不只是演講紀錄

　　在這份費曼演講紀錄之中，我們希望不僅是提供費曼講課的逐字紀錄而已，我們希望盡可能讓此文字版成為原來演講用意最清楚的解說。對於某些演講而言，我們只要在逐字稿上稍加文字修飾就可達到目標。但是對於其他的演講，我們得對材料大加修改與重新安排。有時候我們覺得必須添加一些材料，以便將事情講清楚，或平衡演講的內容。在整個編輯過程之中，我們獲益於費曼教授持續的幫助與建議。

　　在緊迫的期限之內，把超過一百萬句口頭講出的字翻譯成流順的文字是艱難的任務，尤其是當我們還有其他與此新開授課程有關的繁重工作──準備演習課、與學生見面、設計習題與考試、改作業與試卷等等。這些任務涉及很多人手（與腦）。我相信，我們有

時候可以呈現費曼真實——或稍加潤飾過的——面貌，但是有時候
我們就離理想很遠。我們的成功全得歸功於所有參與的人。我們如
果失敗，就只有遺憾。

正如第 I 卷的前言所解釋的，這些演講只是一個課程發展計畫
的一部分而已，這個計畫是由加州理工學院的物理課程修訂委員會
〔成員為主席雷頓、內爾（H. V. Neher）、山德士〕所發起與監督
的。福特基金會提供了財務支援。我們在準備這第 II 卷書的時候，
獲得以下人士的各種協助：克西（T. K. Caughey）、克雷頓（M. L.
Clayton）、庫奇歐（J. B. Curcio）、哈托、哈維（T. W. H. Harvey）、以
色列（M. H. Isreal）、卡扎斯（W. J. Karzas）、卡瓦諾（R. W.
Kavanagh）、雷頓、馬修斯（J. Mathews）、普雷瑟（M. S. Plesset）、華
倫（F. L. Warren）、惠凌（W. Whaling）、威爾次（C. H. Wilts）與齊默
曼（B. Zimmerman）。其他人士透過他們於課程上的工作，也有間接
的貢獻：布魯（J. Blue）、切普林（G. F. Chapline）、克勞瑟（M. J.
Clauser）、多倫（R. Dolen）、希爾（H. H. Hill）與泰透（A. M. Title）。
紐格包爾教授付出的勤勞與奉獻遠超責任所要求，他對於我們的任
務有全面性的貢獻。

不過，你在這裡所讀到的物理故事，如非理查・費曼非凡的能
力與努力，就不會存在。

馬修・山德士（Matthew Sands）

1964 年 3 月

第1章

電磁學

1-1 靜電力

　　想想一種力，它和重力一樣與兩物體距離的平方成反比，但強度是重力的**十億十億十億十億**（即 10^{36}）倍。另外還有一個不同的地方，就是這種力有兩種不同的「物質」，我們把其中一種叫做正的，另一種叫做負的。同種類的物質互相排斥，不同種類的物質互相吸引——這和重力不同，因為重力只有互相吸引的力。

　　把這些正物質集成一束，它們將以非常大的力互相排斥，而且會往各個方向散開。成束的負物質也會有相同的行為。但是一束正負均勻混合的物質，將有完全不同的行為。不同種類的物質將以非常強大的力互相吸引，抵消掉同種物質的強大排斥力，因此可以形成緊密的正負均勻混合物。而兩束正負均勻混合物之間，則幾乎沒有吸引力或者排斥力。

　　自然界有這樣的力存在：那就是靜電力。所有的物質都是由帶正電的質子和帶負電的電子組成的混合物。質子、電子間有強大的吸引力或排斥力，但是這些力之間幾乎互相抵消而達到完全的平衡，使得你和別人靠得很近時，仍然不會感覺有任何力的存在。假如抵消得有一點點不完全，你必然會感覺到。假如你和另外一個人，組成身體的電子數比質子數都多了**百分之一**，那麼你們相隔一個手臂長的距離站立時，兩人之間將有非常大的排斥力。這個力會有多大？足夠將紐約帝國大廈吊起來？錯了！能將埃佛勒斯峰吊起來？錯了！這個排斥力大到足以將「重量」和地球一樣的東西吊起

請複習：第 I 卷第 12 章〈力的特性〉。

來！

組成物質的質子與電子，有如此強大的排斥力和吸引力，爲了使這兩種力幾乎互相抵消而達到完全的平衡，質子與電子必須保持在最佳而可以達到平衡的位置上，因此我們不難瞭解物質會有很大的堅度與強度。例如，帝國大廈在強風中只搖晃了 8 英尺，因爲靜電力使得每一個電子與質子大致固定在適當的位置。

另一方面，假如我們用非常小的尺度來看物質，這個尺度小到只有幾個原子的大小。以如此小的尺度來畫分物質，則任何一小塊物質內，通常正負電荷的數目不會相等，因此會有很強的殘餘靜電力。甚至當兩小塊物質內部雖然各自都有相等的正負電荷量，只要它們的距離夠近，兩者之間仍然會有很大的淨靜電力，因爲靜電力與兩個電荷間的距離平方成反比。如果一塊物質中的負電荷與另一塊物質中的正電荷比較接近（與負電荷比較遠），淨力就會產生。此時吸引力就會大於排斥力，因此兩小塊物質之間就有淨吸引力，雖然原本兩者都沒有多餘的電荷（即淨電荷都等於零）。將幾個原子結合在一起的力，和將幾個分子結合在一起的化學力，實際上是因爲正負電荷沒有完全平衡，或者是距離很近而產生的靜電力。

當然你應該已經知道，原子是由原子核中帶正電荷的質子，與其外圍的帶負電荷的電子所組成。你也許會問：「假如靜電力是如此的巨大，爲何質子與電子不乾脆就疊在一起？假如它們要形成緊密的混合物，爲何它們不更緊密的疊在一起？」這個問題的答案和量子效應有關。假如我們想將這些電子限制在很靠近質子的區域，由於測不準原理（uncertainty principle），電子會有均方動量（mean square momentum），把它們限制在愈小的區域，均方動量就愈大。由於量子力學的定律，電子必須不停的運動，因此不會因爲靜電吸引力，使正負電荷靠得更近。

　　另外還有一個問題：「是什麼力，使原子核結合在一起？」在原子核內有好幾個質子，質子都帶正電。爲何質子不互相推開而分離？這個問題的答案，在於原子核內除了靜電力以外，還有叫做核力（nuclear force）的非靜電力。核力比靜電力要大，可以使原子核內的質子們結合在一起，不會因爲靜電排斥而分離。

　　然而，核力是短程力——它遞減的速度要比 $1/r^2$ 因子快很多。這個特性帶來重要的後果。假如一個原子核有太多個質子在裡面，原子核會變得太大而無法結合在一起。一個例子是鈾，它有92個質子。核力主要作用於每一個質子（或中子）和它最靠近的粒子，而靜電力的有效距離較遠，每一個質子與原子核內其他的質子互相都有排斥力。原子核內質子愈多，靜電排斥力就愈強，直到原子核內的平衡變得很脆弱，幾乎會由於靜電排斥力而分解，鈾原子核就屬於這種情形。像這樣的原子核，如果被輕輕的「敲打」一下（例如可以用慢中子去撞擊它），它會分成兩個帶正電的碎片，兩者會因靜電排斥力而飛離分開。在這個過程中釋放出來的能量，就是原子彈的能量。這種能量通常叫做「核」能，但是實際上它是因爲靜電排斥力強過互相吸引的核力，而釋放出來的「靜電」能。

　　最後，我們也許會問，是哪一種力使帶負電的電子結合在一起（因爲它沒有核力）。假如電子只由一種物質構成，則其中的一部分會和其他的部分互相排斥。那麼，爲何電子不會互相分離而飛開呢？但是，電子是否可以分成幾個「部分」呢？也許我們可以說電子只是一個點，而靜電力只在**不同**的點電荷間存在，所以一個電子不會跟自己作用。也許是吧。我們只能說，什麼力使一個電子結合在一起的問題，使得我們嘗試去建立完整的電動力學時，產生許多的困難。這個問題一直沒有答案。在以後的一些章節裡，我們將對這個主題有更多的討論，以提起興趣。

表1-1　小寫的希臘字母和常用的大寫字母

α		alpha
β		beta
γ	Γ	gamma
δ	Δ	delta
ϵ		epsilon
ζ		zeta
η		eta
θ	Θ	theta
ι		iota
κ		kappa
λ	Λ	lambda
μ		mu
ν		nu
ξ	Ξ	xi (ksi)
o		omicron
π	Π	pi
ρ		rho
σ	Σ	sigma
τ		tau
υ	Υ	upsilon
ϕ	Φ	phi
χ		chi (khi)
ψ	Ψ	psi
ω	Ω	omega

　　如上所述，我們預期大塊物質的細部結構及其性質，會是由靜電力與量子力學效應來決定。有一些物質是硬的，一些是軟的。有一些是電「導體」——因為它們的電子可以自由跑動；另外的是「絕緣體」——因為它們的電子是被個別的原子所緊緊抓住。我們在稍後會討論上述的某些性質是如何來的，但這是非常複雜的主題，我們首先將只看簡單情況時的靜電力。我們首先只討論電學的定律，電學還包括磁學，實際上磁學是同一主題的一部分。

　　我們說過靜電力，就像重力，與兩個電荷之間距離的平方成反

比而遞減。這個關係叫做庫侖定律（Coulomb's law）。但是當電荷在運動時，這個定律並非完全正確，靜電力與電荷的運動有關，但關係複雜。兩個電荷之間的力，與運動有關的部分，我們稱為**磁**力。這實際上是靜電效應的另外一個面向。所以，我們把這個主題叫做「電磁學」。

有一個重要的一般性原理，使得我們能夠以相對簡單的方式，來處理電磁力的問題。從實驗，我們發現任何一個特定的電荷所受的力，只與該電荷的位置、速度及其帶電荷量有關，不論有多少其他的電荷存在，或它們如何運動。我們可以將一個帶電荷量為 q、速度為 v 的電荷所受的力 F 寫為

$$F = q(E + v \times B) \tag{1.1}$$

我們叫 E 為電荷所在位置的**電場**，而 B 為該位置的**磁場**。重要的一點是，宇宙中其他電荷所產生的電磁力，可以用這兩個向量來表示。這兩個向量的值，與電荷的**位置**有關，也可能和**時間**有關。還有，假如我們將這個特定的電荷換成另外一個電荷，則新電荷所受的力，會與新電荷的電荷量成正比，只要世界上其他電荷的位置和其運動都沒有改變。（當然，在真正的情況中，每一個電荷都會對其附近的電荷產生作用力，因此造成其他電荷的運動，所以在某些情況下，將特定電荷換成另外一個電荷，**會使電磁場改變。**）

從第 I 卷，我們知道，當一個粒子所受的力為已知時，我們就可以求出其運動的情形。結合 (1.1) 式和運動方程式，我們得到

$$\frac{d}{dt}\left[\frac{mv}{(1 - v^2/c^2)^{1/2}}\right] = F = q(E + v \times B) \tag{1.2}$$

所以如果已知 E 和 B，我們可以求出運動的情形。現在我們需要知

道 E 和 B 是如何產生的。

　　電磁場如何產生的重要簡化原理之一是：假如有一組電荷，在某一種運動情況下會產生電場 E_1，而另外一組電荷會產生 E_2。假如這兩組電荷同時存在（各組的位置與運動，都與單獨考慮時相同），則產生的電場是兩者之和

$$E = E_1 + E_2 \tag{1.3}$$

這個事實叫做場的**疊加原理**（principle of superposition）。此原理也適用於磁場。

　　此原理的意義是，如果我們知道**單一**電荷在做隨意運動時所產生的電場與磁場，則所有的電動力學的定律都完備了。假如我們要知道電荷 A 所受的力，我們只要計算由 B、C、D 等等每一個電荷所產生的 E 與 B，然後再將這些其他所有電荷產生的 E 與 B 相加起來，求出總電場與磁場，於是可以算出 A 所受之力。假如描述單一電荷產生的場的公式很簡單，那麼上述的步驟會是描述電動力學定律的最簡潔方法。我們已經給了這些場的公式（第 I 卷第 28 章），可惜這些公式相當複雜。

　　結果，最簡潔的電動力學定律的形式，並不是你所預期的。給一個公式去算一個電荷對另外一個電荷的力，**並不是**最簡單的方式。沒有錯，當一個電荷不動時，庫侖定律是簡單的形式，但是當電荷在運動，關係變成很複雜，因為必須考慮時間的延遲、加速度以及其他的效應等等。於是，我們不想只用兩電荷之間的力的公式來描述電動力學；我們發現用另外一種觀點會比較方便——這個觀點會使電動力學呈現出最容易處理的形式。

1-2 電場與磁場

　　首先我們必須將電場與磁場向量的觀念做一點推廣。我們原先用一個電荷所受的力來定義這兩個場，現在則要定義在空間**某一點**的場，雖然在該處並沒有電荷存在。事實上我們是說，因為有力「作用於」一個電荷，所以拿開該電荷後，還是會有「某種東西」存在於該處。假如有一個電荷，在時間 t 的位置是在 (x, y, z)，它所受的力 F 是由 (1.1) 式所描述，則我們說 E 和 B 是在空間中的點 (x, y, z) 所伴隨的向量。我們可以將 $E(x, y, z, t)$ 和 $B(x, y, z, t)$ 想成是，當有某一個電荷在時間 t 的位置在 (x, y, z)，該電荷**所受到**的力來源的場，當然這個說法要**成立的條件**是，該電荷的存在，**不影響**所有產生這個場的其他電荷的位置與運動。

　　根據這個想法，我們使空間的**每一個**點 (x, y, z) 伴隨有 E 和 B 兩個的向量，它們可能是時間的函數。所以電場與磁場可以看成是 x、y、z 和 t 的**向量函數**。因為一個向量是由它的分量來表明，所以每一個場 $E(x, y, z, t)$ 或 $B(x, y, z, t)$ 代表 x、y、z 和 t 的數學函數。

　　正是因為在空間的每一點，都可以標明 E（或 B）的值，所以我們叫它為一個「場」。「場」是任何一個物理量，它在空間不同的點，可以有不同的值。例如，溫度是一個場，它是一個純量場，我們可以寫為 $T(x, y, z)$。溫度也可能是時間的函數，我們說溫度場是隨時間變化的，而寫為 $T(x, y, z, t)$。另外一個例子是流動液體的「速度場」。我們將液體在時間 t 下，空間中每一個點的速度寫為 $v(x, y, z, t)$，這是一個向量場。

　　我們現在回到電磁場，雖然它們是由電荷根據複雜的公式而產

生的，它們有以下重要的特性：在空間**某一點**的值與其**附近一點**的值，兩者的關係非常簡單。只要幾個上述的關係式，並以微分方程式表示出來，我們可以完全的描述電磁場。利用這樣的方程式，可以將電動力學的定律以最簡單的形式寫出來。

過去的發展，有一些不同的發明，來幫助我們的腦筋去想像場的行為。最正確、也最抽象的是：我們就將場看成是位置與時間的數學函數。我們也可以在空間的許多位置畫出向量，來代表在各個位置的場的強度與方向，來幫助我們想像場的圖像。如圖 1-1 所示，就是這種表示方式。

然而，我們可以再進一步，在每一個點畫出該點向量的切線——也就是說，順著箭頭，畫出場的方向的軌跡。當我們這樣做，我們會喪失向量的**長度**的標示，但是假如我們在場較弱的地方，將線與線之間的距離畫遠一點，而在場較強的地方，將線與線之間的

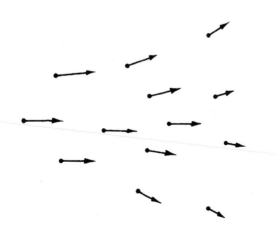

圖 1-1　向量場可以用一組箭頭來表示，每一個箭頭的大小與方向，代表該箭頭起始點的場的值。

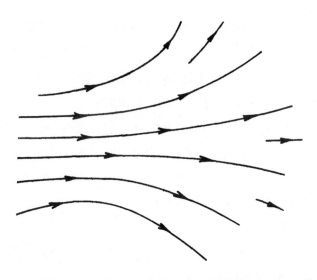

<u>圖 1-2</u>　向量場可以用場線來代表，線上每一個點的切線方向代表場在
　　　　該點的方向，並且使得線的密度與場在該點的強度成正比。

距離畫近一點，則我們可以保留場的強度的標示。我們採用慣用的
規定，與線垂直方向的**每單位面積的線數**與場的**強度**成正比。當然
這只是一種近似表示，通常，有時我們必須加進新的線，使線的數
目保持和場的強度成正比。圖 1-1 的場可以用圖 1-2 的場線來代表。

1-3　向量場的特性

在我們用場的觀點來描述靜電定律時，需要用到兩個向量場的
重要數學性質。假設我們想像有一個某種形狀的閉合面，我們要問
是否有「某些東西」從裡面消失；也就是說，場是否有「外流」的
性質？例如，對於一個速度場，我們要問速度在表面是否經常向
外，或者用更一般性的說法來問，流體是否（每單位時間）流出的

比流進的多？我們把流體每單位時間由表面淨流出的量，叫做通過表面的「速度通量」（flux of velocity）。流過一個曲面元素的通量，等於與表面垂直的速度分量乘以表面的面積。對於一個任意的閉合面，**淨外向流**（net outward flow），也就是**通量**，等於外向速度法向分量的平均，乘以表面的面積：

$$通量 = （平均法向分量）\cdot（表面積） \tag{1.4}$$

在電場的情形，我們可以定義出數學上的外向流，也把它叫為通量，當然它並不是任何物質的流動，因為電場並不是任何物質的速度。雖然如此，我們發現，這個由電場的平均法向分量所定出來的數學量，是一個有用且有意義的量。於是我們可以定義出**電通量**（electric flux），如 (1.4) 式所定義的。最後，我們可將通過完全閉合面的通量的觀念，推廣到通過任何有邊界面的通量，這也是有用的量。如前所定義，通過這種面的通量，是向量的平均法向分量乘以該面的面積。我們將這個觀念畫成圖，如圖 1-3 所示。

向量場的第二個性質與線有關係，而不是與面有關。假設我們仍然想到描述液體流動的速度場，我們可以問以下這個有趣的問題：液體是否在循環流動？這句話的意思是說：是否有沿著某一個圈圈的淨轉動？假設我們讓液體全部瞬時結凍，只留下一條管子內的液體不結凍，而這條管子處處的口徑都相同，且頭尾相接如圖 1-4 所示。管子外的液體不再流動，但是管子內的液體，由於動量，可能會繼續流動，也就是假如往某一個方向的動量，要比往另外一個方向的動量大一點。我們把一個叫做**環流量**（circulation）的量定義為，液體在管內流動的速度乘以管子的周長。

我們可以將此觀念推廣到任何向量場，並定義其「環流量」（雖然可能沒有任何東西在流動）。對任何向量場，**繞著任何想像的**

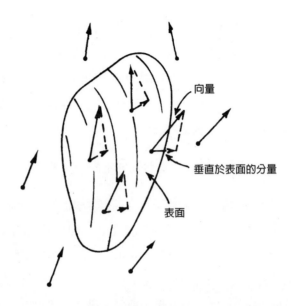

向量

垂直於表面的分量

表面

圖 1-3   一個向量場通過一個表面的通量的定義是,此向量法向分量的
平均值乘以該表面的面積。

閉合曲線的環流量的定義是,向量的平均切向分量(保持同一個環繞方向)乘以此閉合圈的周長(圖 1-5)。

$$環流量 = (平均切向分量) \cdot (環繞長度) \qquad (1.5)$$

我們將會看到,這個定義確實會得到一個數字,與上述瞬時結凍管中液體環流速度成正比。

有了通量與環流量這兩個觀念,我們可以很容易的將所有電學和磁學的定律描述出來。也許你無法馬上瞭解這些定律的重要意義,但是這些定律將給你電磁學最終型態的一些物理觀念。

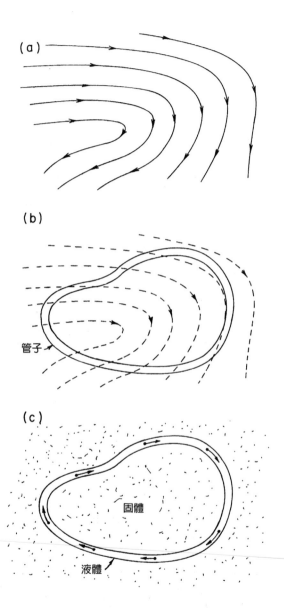

<u>圖1-4</u>　(a) 液體的速度場。想像有一個處處截面積都相等的管子，沿著一個任意的閉合曲線如 (b) 在流動。假設管子外的液體瞬間結凍，管內液體則仍在流動，則管內液體的流動會如 (c) 所示。

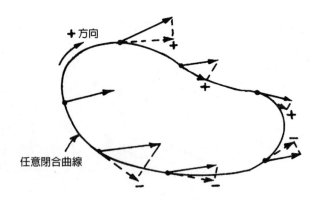

圖1-5   一個向量場的環流量,是向量的平均切向分量(每一點都順著相同的旋轉方向)乘以閉合圈的周長。

1-4 電磁學定律

電磁學的第一個定律描述電場的通量:

$$\text{通過任何閉合面的 } \boldsymbol{E} \text{ 的通量} = \frac{\text{閉合面內的淨電荷}}{\epsilon_0} \tag{1.6}$$

其中 ϵ_0 是一個方便的常數。(ϵ_0 的英文通常唸成 epsilon-zero 或 epsilon-naught。)假如在閉合面內沒有電荷,甚至雖然靠近表面附近有電荷,則 $\boldsymbol{E}$ 的**平均**法向分量為零,所以通過該面的淨通量等於零。為了顯現這種說法的威力,我們可以證明 (1.6) 式就等於庫侖定律,我們只需假設一個條件,即一個點電荷所產生的電場是球對稱的。對於一個點電荷,我們畫一個繞著電荷的球面。於是平均法向分量就等於在每一點的 $\boldsymbol{E}$ 值,因為電場是在直徑方向,且在球面上每一點都有相同的量值。我們的定律現在說,球面上的電場乘以球

的面積，也就是向外的通量，與球內的電荷量成正比。假如我們把球的半徑加大，則球面積會和半徑平方成正比而加大。電場的平均法向分量乘以表面積，仍然只和電荷成正比，所以電場必須依距離的平方而遞減——我們得到了一個「平方反比」場。

假如我們在空間有一任意曲線，並繞著此曲線測量電場的環流量。一般而言，我們將會發現環流量並不等於零（雖然對於一個庫侖場來說會是零）。對於電場，我們有第二個定律如下所述：對於邊界為曲線 C 的任何面 S（非閉合），

$$\text{繞著 } C \text{ 的 } \boldsymbol{E} \text{ 環流量} = -\frac{d}{dt}(\text{穿過 } S \text{ 的 } \boldsymbol{B} \text{ 通量}) \qquad (1.7)$$

再寫出兩個關於磁場 $\boldsymbol{B}$ 的對應式，我們就有了完整的電磁學定律。

$$\text{通過任何閉合面的 } \boldsymbol{B} \text{ 的通量} = 0 \qquad (1.8)$$

對於邊界為曲線 C 的任何面 S，

$$c^2(\text{繞著 } C \text{ 的 } \boldsymbol{B} \text{ 環流量}) = \frac{d}{dt}(\text{穿過 } S \text{ 的 } \boldsymbol{E} \text{ 通量}) \\ + \frac{\text{穿過 } S \text{ 的電流通量}}{\epsilon_0} \qquad (1.9)$$

出現在(1.9)式中的常數 c^2 是光速的平方。它會出現是因為磁性實際上是電的相對論性效應。常數 ϵ_0 則一直都在這些式子中，使得電流的單位是常用的單位。

(1.6)式至(1.9)式，以及(1.1)式是電動力學的全部定律。* 你也

---

*原注：我們只需要再加一個注解，說明如何去定出環流量的**正負號**。

許記得，我們可以用簡單的方式寫下牛頓定律，但是它有許多複雜的結果，我們需要花很多時間來學習。上述定律的形式並不簡單，這告訴我們必須花更多的時間和精力，才能夠瞭解這些定律所能夠導出來的所有結果。

我們可以用一系列的小實驗，來說明電動力學的某一些定律，這些實驗會告訴我們電場與磁場之間的定性關係。當你梳頭髮時，會體驗到 (1.1) 式的第一項，所以我們不再說明。(1.1) 式的第二部分，可以用如圖 1-6 所示的實驗來證明。將一條懸空的電線通電，並在其下放一根磁棒。當電流通過時，電線會動，因為有力 $F = qv \times B$ 作用於上頭。當有電流時，電線中的電荷在運動，所以它們有一個速度 v，而磁棒產生的磁場會有一個力作用於電荷，使電線受推力而向旁邊移動。

當電線被推向左邊，磁鐵會感受到一個向右的推力。（否則的話，我們可將所有的物件都放在一個馬車上，而形成一個動量不守恆的推進系統！）雖然這個力太小，使我們看不到磁鐵的運動。假如用一個受到支撐卻仍可以靈活轉動的磁鐵，例如羅盤的指針，我們就會看到磁鐵的運動。

電線是如何推動磁鐵的？電線的電流產生自己的磁場，此磁場會施力於磁鐵。根據 (1.9) 式的最後一項，電流會有 **B** 的**環流量**——在上述的情況，**B** 場的場線是環繞電線的線圈，如圖 1-7 所示。**B** 場是產生作用於磁鐵的力的來源。

(1.9) 式告訴我們，對於一個固定的電流，環繞此電線的**任何曲線**的 **B** 的環流量都相等。對於距離電線很遠的曲線，例如圓圈，它們的周長很大，所以 **B** 的切向分量必須減小。事實上，你可以看出來，我們可以預期，對於一條直的長電線，**B** 會隨著與電線的距離的一次方而遞減。

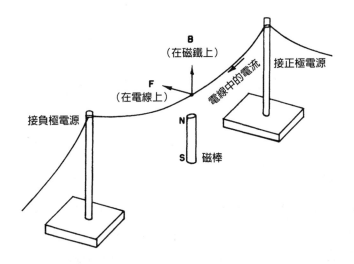

圖1-6 一根磁棒使得電線上有磁場。當電線有電流時，力 $F = qv \times B$ 會作用於上頭，而使電線移動。

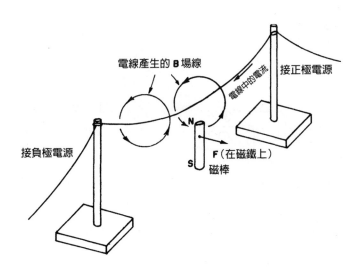

圖1-7 電線產生的磁場，施力於一個磁鐵上。

現在我們已經提過了，通有電流的電線會產生磁場，而當有其他磁場存在時，此電線會受力。於是我們可以預期，當我們將一電線通以電流而產生磁場，它將施力於另外一條帶有電流的電線。此情況可用兩條懸空的電線來說明，如圖 1-8 所示。假如電流在同一方向，兩電線互相吸引，如果電流是反向，則互相排斥。

簡單的說，電流和磁鐵一樣，都會產生磁場。但是，稍等一下，磁鐵是什麼呢？假如磁場是由運動的電荷產生的，那麼一塊鐵產生的磁場，真的可能是由於電流所造成的結果？看起來真的是如此。我們可以將實驗所用的磁鐵，換成電線的線圈，如圖 1-9 所示。當電流通過線圈，以及上方的直電線，我們會看到電線的運動，就如上述用磁鐵而非線圈的實驗一樣。換句話說，線圈的電流就像是一塊磁鐵一樣。所以鐵顯然擁有永久環繞的電流。實際上，

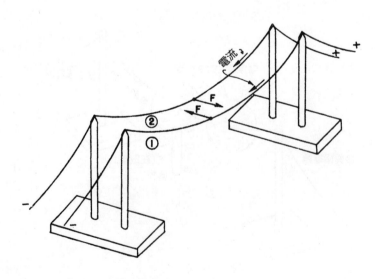

圖1-8　兩條帶有電流的電線，互相施力於對方。

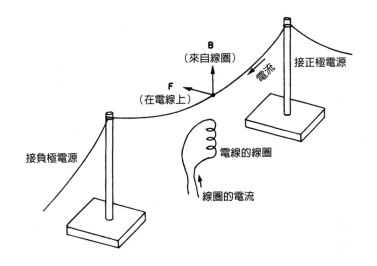

图1-9　圖 1-6 中的磁鐵，可以用一個通有電流的線圈來取代。電線會受到相似的力。

我們可以把磁鐵想成是鐵原子中有永久的電流。圖 1-7 中磁鐵所受的力，是由於 (1.1) 式中的第二項而來。

電流是從哪裡來的？一個可能性是來自原子軌道上電子的運動。雖然有些材料是如此，但是對於鐵，情況不是這樣。除了繞著原子運動外，鐵的電子還繞著自己的軸做自旋運動，有點像地球的自轉，而這種自旋產生的電流，就是鐵的磁場來源。（我們說「有點像地球的自轉」，是因為這在量子力學中是很深奧的問題，用古典的觀念來描述，無法描述得很好。）在大部分的材料中，有一部分的電子往一個方向自旋，另外的電子往另一個方向自旋，所以磁性互相抵消，但是在鐵的情向，因為一個奇怪的理由，以後我們會討論到，多數電子的自旋軸都在同一方向，因此有了磁性。

因為磁鐵的磁場是由電流而來，在(1.8)式或者(1.9)式我們並不

需要再加任何項去處理磁鐵。我們只要考慮**所有的**電流，包括電子自旋的循流，這樣一來，這個定律就是正確的了。你也必須知道，(1.8) 式告訴我們，類似電荷的「磁荷」不存在，因為電荷出現在 (1.6) 式的右手邊，而 (1.8) 式的右手邊為零。實驗上，磁荷一直沒有被找到。

　　(1.9) 式右手邊的第一項，是馬克士威（James Clerk Maxwell）從理論推論所發現的，是非常重要的一項。它告訴我們，**電場**的改變會產生磁場。事實上，如果少了這一項，這個方程式不能自圓其說，因為對於沒有頭尾相接成迴路的電線，電流將不存在。但是實際上這種電流是存在的，以下的例子可以印證此事。

　　想像由兩個平板組成的電容器。電流可以由一個板子流到另一個板子，如此可以使兩個板子充電，如圖 1-10 所示。我們繞著一條電線畫一閉合曲線 C，並用 C 張開一個面 S_1，此面被電線穿過，如圖所示。由 (1.9) 式繞著 C 的 B 環流量（乘以 c^2），是電線的電流（除以 ϵ_0）。但是如果 C 所張開的面是**另外一個**面 S_2，它像是個碗，通過兩個板子之間而避開電線，情況會如何呢？當然沒有電流通過此面。但是，我們可以很確定的說，只是改變一個想像的面的位置，並無法改變真正磁場的值！B 的環流量必須跟前者相同。(1.9) 式右手邊的第一項，加上第二項，就會使得不論用 S_1 或用 S_2 都會得到相同的結果。對於 S_2 來講，B 的環流量是由兩個板子之間 E 的通量改變率而來。結果，E 的改變與電流的關係，使 (1.9) 式是正確的。依上面的論述，馬克士威看到第一項是必要的，而他是第一個將完整方程式寫出來的人。

　　利用圖 1-6 的裝置，我們可以證明電磁學的另一個定律。我們將懸空吊掛的電線的兩端和電池分開，同時將電線和檢流計連接起來，使我們知道電流何時通過電線。當我們將電線向旁邊**推移**，離

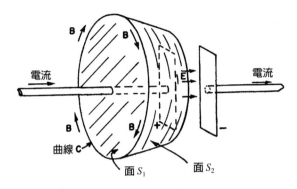

圖 1-10　繞著曲線 C 的 B 環流量，是通過面 S_1 的電流，或者是通過面 S_2 的 E 通量改變率。

開磁鐵產生的磁場，我們測量到電流。這個效應是 (1.1) 式的另外一個結果——電線中的電子感受到一個力 $F = qv \times B$。電子有向旁邊的速度，因為電子隨著電線一起運動。此速度 v 和磁鐵的磁場 B 互相垂直，產生和電線相同方向的力，使得電子朝檢流計運動。

　　然而，假如我們讓電線不動，而移動磁鐵。從相對論，我們可以猜測到結果不會不相同，而我們確實在檢流計量測到相似的電流。磁場如何施力於靜止不動的電荷？根據 (1.1) 式，必須要有電場存在才行。也就是說，運動的磁鐵會產生電場。(1.7) 式給予定量的描述，這是如何發生的。這個方程式描述許多重要而有趣的實用現象，例如發電機以及變壓器等等。

　　這個方程式最重要的結果是，聯合 (1.7) 式和 (1.9) 式可以解釋，電磁波可以輻射到很遠距離的效應。其中的道理簡單說明如下：假如在某一個地方，磁場因為比如說某一電線忽然開始通有電流而增加。於是由於 (1.7) 式，開始有了電場的環流量。當電場開始建立環流量時，根據 (1.9) 式，磁場的環流量也會產生。但是這個磁場環流

量的建立，又會產生新的電場環流量，如此循環不息。就是這樣，電、磁場互相影響，在空間傳遞生生不息，除了在源頭外，其他地方並不需要電荷或者電流。這是我們互相**看到**對方的方法！所有這些都包含在電磁場的方程式之中。

1-5 場是什麼？

我們現在給一些我們如何看待這個主題的說明。你可以說：「所有關於通量與環流量的東西，都很抽象。空間任何一點都有電場；於是有了這些『定律』。但是**實際上**發生了什麼事呢？例如，你為何不能用電荷之間**到底**發生了什麼事來解釋呢？」以前，許多物理學家常說，兩物之間無任何東西存在的直接作用，是不可置信的。（他們怎麼可能找到一個不可置信的觀念，而實際上是已經被證實的？）他們也許會說：「你看，我們所知的力，就是一個物體直接對另一個物體的作用。不可能會有一種力，不需任何東西來傳達。」但是當我們來探討一個物體對另外一個物體的「直接作用」時，實際上發生了什麼事呢？我們發現並不是一個物體直接貼在另外一個物體上；它們是分開而有一點距離的，而且是有靜電力在很小的尺度下作用。於是我們發現，我們可以用靜電力的圖像來解釋所謂的直接接觸的作用。當我們發現肌肉出力的推或拉，實際上會解釋成靜電力的作用時，卻堅持要把靜電力看成是古老的、我們熟悉的肌肉的推力或拉力，當然是沒有意義的！

唯一有意義的問題是，什麼才是看待靜電效應的**最方便方式**。有一些人喜歡用兩個電荷之間，在有距離之下的交互作用來表示，於是用了一個複雜的定律。另外一些人喜歡用場線。他們經常畫場線，而覺得寫一些 E 和 B 是太抽象了些。然而，場線只是描述場的

粗糙方法，用這種方法想要直接得到正確的、定量的定律是很困難的。另外，場線的觀念無法簡單的包含疊加原理，而這卻是電動力學最深奧的原理。雖然我們知道某一組電荷產生的場線，同時也知道另外一組電荷產生的場線，但是我們卻沒有任何概念去得到，當此兩組電荷都存在時的場線圖像會是什麼樣子。但是另一方面，從數學的觀點，疊加原理是非常簡單的——我們只要將兩個向量相加即可。場線的優點是可以得到生動的圖像，但是它有其缺點。當電荷靜止時，直接交互作用的想法有很大的優點，但是當電荷快速運動時，這種想法有很大的缺點。

最好的方法是用抽象的場觀念。很可惜這種觀念是抽象的，但卻是必須的。許多物理學家嘗試用以下的方法去代表電場，例如某種齒輪的運動、場線或者某種物質的應力等等，但是這種努力所花的功夫，卻遠超過單單用電動力學得到正確答案的時間。有趣的是，描述光在晶體中的行為的正確方程式，早在 1843 年就由麥克庫勞（McCullough）所建立。但是人們卻對他說：「是的，但是不會有一種真正的材料，它的力學性質可以滿足這些方程式，因為光是一種振動，必須在**某種物質**內振動，我們無法相信這些抽象的方程式所描述的東西。」假如當時的人有更開放的心胸，他們可能早就相信這些描述光的行為的正確方程式，而不會晚了許久才相信。

對於磁場，我們可以有以下的論點：假設你終於成功的用某種場線，或者在空間轉動的齒輪來建構磁場的圖像。於是你可以試著去想像，兩個電荷在空間中運動，速度相同且互相平行，它們之間會發生什麼事？因為這兩個電荷在運動，所以它們的行為就像是兩股電流，並各自產生磁場（像是圖 1-8 電線中的電流）。但是，如果有一個觀測者用和兩個電荷相同的速度在運動，他將看到兩個電荷是靜止不動的，所以**沒有**磁場存在。所以你和電荷一起運動時，

「齒輪」或者「場線」都不存在。我們以上所做的，只是去發明一個**新**問題。爲何這些齒輪會消失了？！對於畫場線的人，也遇到相同的困難。不只是我們不可能說，這些場線是不是跟著電荷運動──而是在某一些座標系中，場線完全消失了。

　　這也就是說，我們剛剛討論的，實際上告訴我們磁場是一種相對論效應。剛剛討論的兩個電荷，它們做互相平行的運動，我們預期必須對它們的運動做相對論性的修正，把 v^2/c^2 這個項包含進來，這些修正必須對應於磁力。

　　但是兩條電線之間的力，就如我們討論過的實驗（圖 1-8），會是如何呢？在那裡，磁力是**全部**的力，看起來不像是「相對論性效應」。同時假如我們估計電線中電子的速度（你可以自己做），我們發現電子在電線中的平均速度，大約是每秒 0.01 公分。所以 v^2/c^2 的值大約是 10^{-25}，這當然是一個可以忽略的「修正」。但是不對！雖然在這個情況下，磁力是兩個運動電子之間的「正常」靜電力的 10^{-25} 而已，但是我們必須記住，由於幾乎完全互相抵消，「正常」靜電力消失了──因爲在電線中，質子和電子有相同的數目。互相抵消的情形比 10^{25} 之一還精確。我們叫做磁力的這一項，是唯一留下來的相對論性的項，所以它是最重要的項。

　　由於靜電力的接近完全互相抵消，使得我們能夠發現相對論效應（即磁性），並得到正確的方程式──到 v^2/c^2 的數量級，雖然當時物理學家並不知道其中的道理。這也是爲什麼當發現相對論時，電磁學的定律並不需要修改。它們不像力學，這些電磁學的定律已經給修正到 v^2/c^2 的準確度了。

1-6　科技中的電磁學

　　我們要提出以下兩點來結束這一章，即在古希臘人研究過的許多事情當中，有兩件很奇怪的事：假如你摩擦一塊琥珀，你可以用它來吸起一小張紙，而美格尼西亞島有一種奇塊的石頭，可以吸引鐵。當我們想到，古希臘人只知道這兩種很明顯的靜電或磁性效應的現象，這很令人驚訝。只有上述兩個現象會出現的原因，是我們上面提過的近乎完美精準的電荷的互相抵消。繼希臘人以後的許多科學家，發現一個又一個的新現象，實際上是和琥珀以及／或者天然磁鐵相關的效應。現在我們瞭解到，化學反應的現象以及最後的生命現象本身，都必須用電磁學來瞭解。

　　在這同時，科學家對電磁學的瞭解有長足的發展，以前人們不敢想像的一些技術也出現了：用電報傳遞訊號到遠處變成可能；和幾公里外的另外一個人談話，中間不需要任何連線；以及去操作一個巨大的發電系統，用金屬線把巨大的水輪連接到幾百公里外的發動機，發動機可隨主輪的反應而起動，利用成千上萬的金屬支線，使分布在上萬個地方的發動機驅動工業用以及家用機器，所有這些都能運轉，因為有了電磁學的知識。

　　今天我們甚至應用到更巧妙的效應。電力雖然很大，但是也可以變得很小，我們能控制電力而有很多方面的應用。我們的儀器非常敏感，我們可以從一個人如何影響幾百公里外的細金屬棒中的電子，而知道此人在做什麼事。我們只需要把這個金屬棒做成電視機的接收天線即可。

　　從人類長久歷史的觀點來看，好比從現在往前推一萬年來看，幾乎毫無疑問的，十九世紀最有影響力的事件，可以認定為馬克士

威發現電動力學定律。與這個重要的科學事件相比,發生在同一個
年代的美國南北戰爭,就會黯然失色,只能算是一個地方性的不重
要事件。

第2章
向量場的微分

2-1 瞭解物理

物理學家需要具備從許多不同觀點來看問題的才能。

眞正的物理問題的精確解析通常是很複雜的，而任何一個特別的物理情況都可能太複雜，而無法用直接解微分方程式的方法去分析。但是假如我們對於不同情況的解答的特性有一些看法，那麼對於一個系統的行爲，我們仍然可以得到一些很好的概念。針對這個目的，場線、電容、電阻以及電感等觀念是非常有用的。所以我們將花很多時間來分析它們。用這個方法，對於不同的電磁情況應該會發生什麼事情，我們會有概念。

另一方面，沒有任何一個啓發式的模型，例如場線，足以精確應付所有的情況。我們可以說，只有一種準確的方法可以表示這些定律，那就是用微分方程式。這個方法的優點是，它很基本，而且到目前爲止，我們知道它很精確。假如你學習過微分方程式，你隨時可以回頭去複習。不要忘掉你學過的任何東西。

你需要經歷一些時間，才能瞭解在不同的情況下應該會發生什麼事情。每當你解一個方程式，將會學習到解答的一些特性。將這些解答記住，也可以幫助你用場線或其他觀念來瞭解它們的意義。這是你眞正「瞭解」這些方程式的方法。這是數學和物理不同的地方。

數學家，或者一些用數學思考的人，在學習物理時，會因爲失去物理的看法，而常常誤入歧途。他們說：「你看，這些微分方程

請複習：第 I 卷第 11 章〈向量〉。

式——馬克士威方程式，就是電動力學的一切，物理學家承認除了這些方程式外，已經沒有其他的東西了。這些是複雜的方程式，但它們只是數學方程式，只要我瞭解它們的數學內涵，我也就瞭解它們的物理內涵了。」只是，情況並不是如此。用這種觀點來學習物理的數學家，有很多人確實如此，通常對物理的貢獻很小，而實際上，他們也對數學少有貢獻。他們失敗的原因是，因為真正世界的實際物理情況是非常複雜的，因此對這些方程式必須有更廣泛的瞭解。

真正瞭解方程式，而且不是嚴格的限制在數學意義上，所代表的意思可以用狄拉克（Paul Dirac）的描述來說明。他說：「我瞭解方程式，是指我有方法去得知其解答的特性，但是實際上我並沒有真正去解出它的答案。」所以假如我們有方法去知道，在某特定情況下應該會發生什麼事，但實際上並沒有去解這些方程式，於是我們可以說，我們「瞭解」這些方程式，在它們應用到這些情況時。物理的瞭解，是完全不牽涉到數學的，雖不是很精確，但是對物理學家來講卻是必須的。

通常這樣的體認，是經由慢慢推展物理觀念而來的，也就是從簡單的情況，進展到愈來愈複雜的情況的過程。這需要你持續忘掉一些自己以前學過的東西——一些在某些情況下是對的、但是在一般情況下卻**並非**成立的事。例如，靜電力與距離平方有關的「定律」並非永遠是對的。但是我們比較喜歡用相反的步驟。我們喜歡一開始就用**完整**的定律去推展物理觀念，然後再回過頭來去應用到簡單的情況。這也是我們以下所要做的。

我們的步驟和歷史上的發展是完全相反的，在歷史上，人們利用實驗來發展一項主題，並因此得到一些資訊。但是物理在過去兩百多年，已經由許多非常有創意的人發展而來，而我們只有非常有

限的時間去獲得知識，我們不可能學習他們做過的所有事情。在我們這個課程中，有些事情是我們必須撇開的，很不幸的，歷史上的實驗發展是其中之一。我們希望在實驗室裡，這些損失會被補救回來。你也可以去讀大英百科全書，將我們遺漏的部分填補過來，在大英百科全書中，有非常好的歷史性文章描述電學以及其他部分的物理。你也可以在許多電磁學的教科書中，找到歷史發展的資訊。

2-2　純量場與向量場──T與h

我們先從抽象的數學觀點來討論電磁學。最後的目的是要來解釋第 1 章所給的定律的意義。但是要達到此目的，我們必須先解釋將要用到的一種獨特的新符號。所以讓我們先暫時忘記電磁學，而來討論向量場的數學。這不只在電磁學非常重要，而是在所有各種物理情況中都很重要。就像一般的微分、積分在所有各個領域的物理中都很重要一樣，向量微分也一樣重要。我們現在就轉向這個主題。

以下我們列出一些向量代數的公式。我們假設你已經學習過這一些了。

$$\boldsymbol{A} \cdot \boldsymbol{B} = 純量 = A_x B_x + A_y B_y + A_z B_z \tag{2.1}$$

$$\boldsymbol{A} \times \boldsymbol{B} = 向量 \tag{2.2}$$
$$(\boldsymbol{A} \times \boldsymbol{B})_z = A_x B_y - A_y B_x$$
$$(\boldsymbol{A} \times \boldsymbol{B})_x = A_y B_z - A_z B_y$$
$$(\boldsymbol{A} \times \boldsymbol{B})_y = A_z B_x - A_x B_z$$

$$\boldsymbol{A} \times \boldsymbol{A} = 0 \tag{2.3}$$

表 2-1 手寫的向量符號

有人用

$$\vec{E} \quad 或 \quad \overline{E} \quad 或只寫成 \quad \underline{E}$$

其他的人喜歡用

$$\underset{\approx}{E}$$

我們喜歡下面的方式：

A B C D E F G
H I J K L M N
O P Q R S T U
V W X Y Z

小寫字母比較難寫一點：

a b c d e f g
h i j k l m n
o p q r s t u
v w x y z

你也可以自己發明

$$A \cdot (A \times B) = 0 \tag{2.4}$$

$$A \cdot (B \times C) = (A \times B) \cdot C \tag{2.5}$$

$$A \times (B \times C) = B(A \cdot C) - C(A \cdot B) \tag{2.6}$$

我們也會用到以下兩個微積分的等式：

$$\Delta f(x, y, z) = \frac{\partial f}{\partial x} \Delta x + \frac{\partial f}{\partial y} \Delta y + \frac{\partial f}{\partial z} \Delta z \qquad (2.7)$$

$$\frac{\partial^2 f}{\partial x \, \partial y} = \frac{\partial^2 f}{\partial y \, \partial x} \qquad (2.8)$$

當然，第一個方程式 (2.7) 式只有在 Δx、Δy 和 Δz 都趨近於零的極限才成立。

　　各種可能的物理場中，最簡單的形式是純量場。你應該記得，場的意義是，一個和位置有關的量。**純量場**的意義是，該場在每一個位置只和一個數，也就是純量有關。當然這個數可能隨時間變化，但是我們暫時不需要去擔心這個問題。我們要討論在某一時刻，場看起來是什麼樣子。純量場的一個例子是，一塊固體材料在某處加熱，而在另外一個地方冷卻，所以該塊材料的溫度，會隨位置的不同而有複雜的改變。於是溫度會是 x、y、z 的函數（x、y、z 是用直角座標標示空間中的位置）。所以，溫度是一個純量場。

　　有一個方法可以用來瞭解純量場，就是去想像它的「等值面」（contour），這是一種假想的面，面上各點的場都有相同的值，就像地圖上的等高線，線上各點有相同的海拔高度。對於溫度場來說，其等值面叫做「等溫面」（isothermal surface）或等溫線（isotherm）。圖 2-1 說明一個溫度場，顯示出在 $z = 0$ 的面上，溫度 T 與 x 和 y 的關係。圖中畫有幾條等溫線。

　　另外也有向量場，向量場的觀念很簡單。空間的每一個點，我們都給一個向量。而向量可以隨著點的不同有變化。舉一個例子，我們考慮一個轉動的物體。物體中任何一點的速度是一個向量，這向量是位置的函數（圖 2-2）。第二個例子，我們考慮一塊材料中的熱流。假如在這個物體中，某一個地方的溫度高，另外一個地方的

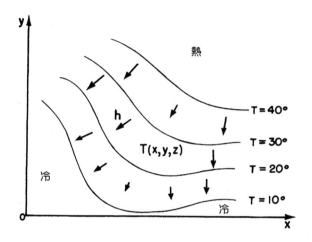

圖 2-1 溫度 T 是純量場的一個例子。空間的每一個點 (x, y, z) 都有相對應的值 $T(x, y, z)$。在標示 $T = 20°$ 的面上（在 $z = 0$ 的面上，它是一條曲線），所有的點都有相同的溫度。圖中的箭頭代表一些熱流的向量 h。

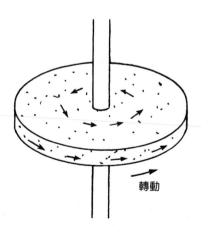

圖 2-2 轉動物體中的原子速度，是向量場的一個例子。

溫度低，則會有熱由較熱的地方流向較冷的地方。在物體中不同的地方，熱流的方向會不一樣。熱流是與方向有關的量，我們叫它爲 **h**。它的大小，是用來測量熱流的多寡。圖 2-1 中，我們也畫了熱流向量的例子。

　　讓我們對 **h** 做更精確的定義：某一點上熱流向量的大小，是每單位時間、每單位面積中，通過垂直於熱流方向的無限小的曲面元素的熱能。向量則是指向熱流的方向（見圖 2-3）。用符號來描述：假如 ΔJ 是每單位時間通過曲面元素 Δa 的熱能，則

$$h = \frac{\Delta J}{\Delta a}\, e_f \tag{2.9}$$

其中 e_f 是熱流方向的**單位向量**。

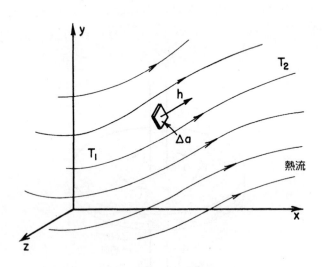

圖2-3　熱流是一個向量場。向量 **h** 指向流動的方向。它的大小是，每單位時間通過一個垂直於流動方向的曲面元素的能量，除以該曲面元素的面積。

我們可以用另外一個方法來定義向量 h ——用它的分量。我們可以問，有多少熱流通過一個和流動方向有**任意**角度的很小表面。圖 2-4 中顯示一個很小的表面 Δa_2，與垂直於流動方向的 Δa_1 有一個角度。n 是垂直於 Δa_2 的**單位向量**。向量 n 和 h 之間的夾角 θ，與兩個表面的夾角相同（因為 h 垂直於 Δa_1）。現在我們問，通過 Δa_2 的**每單位面積**的熱流是多少？通過 Δa_2 的熱流與通過 Δa_1 的熱流是相等的；只是兩者的面積不同。事實上，$\Delta a_1 = \Delta a_2 \cos\theta$。因此通過 Δa_2 的熱流為

$$\frac{\Delta J}{\Delta a_2} = \frac{\Delta J}{\Delta a_1} \cos\theta = h \cdot n \qquad (2.10)$$

我們可以解釋此方程式為：通過**任何**曲面元素（每單位時間每單位面積）的熱流為 $h \cdot n$，其中 n 是垂直於該曲面元素的單位向量。同樣的，我們也可以說：通過曲面元素 Δa_2 的熱流的垂直分量為 $h \cdot n$。假如我們願意，我們可以說上面的說法是 h 的**定義**。我們會將相同的觀念應用到其他的向量場上。

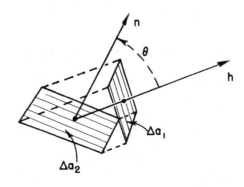

圖 2-4 通過 Δa_2 的熱流，與通過 Δa_1 的熱流是相同的。

2-3　場的微分 — 梯度

當場隨著時間改變時，我們可以用場對 t 的微分來描述變化。同樣的，我們用場對位置的微分來描述它們的空間變化，因爲我們有興趣的是，譬如說某個地方的溫度，以及與它非常靠近的地方的溫度之間的關係。我們如何把溫度對位置微分呢？我們是把溫度對 x 微分嗎？或者是對 y 或 z 呢？

有用的物理定律，是不受座標系的方向所影響的。因此它們的型式必須寫成等號兩邊都是純量，或者都是向量。純量場的微分，例如 $\partial T / \partial x$ 是什麼？它是一個純量、或是向量、或是其他什麼東西？你很容易看出來，那既不是純量，也不是向量，因爲如果我們取不同的 x 軸，$\partial T / \partial x$ 將會是不同的量。但是注意：我們有三個可能的微分 $\partial T / \partial x$、$\partial T / \partial y$ 和 $\partial T / \partial z$。因爲有三種微分，而我們知道，需有三個量才能構成一個向量，所以這三個微分可能是一個向量的分量：

$$\left(\frac{\partial T}{\partial x}, \frac{\partial T}{\partial y}, \frac{\partial T}{\partial z} \right) \overset{?}{=} \text{向量} \qquad (2.11)$$

當然，通常並不是**任何**三個數目就會構成一個向量。只有當我們轉動座標軸時，向量的分量能正確的互相變換，這三個數目才會眞正構成一個向量。所以，我們必須分析這三個微分，在座標系轉動時是如何變化的。我們將要證明 (2.11) 確實是一個向量。在座標系轉動時，這三個微分確實會正確的變換。

我們有幾個方法，可以得到這個結果。其中一個方法，是問一個問題，其答案與座標系無關，並嘗試用「不變」的形式來表示。

舉一個例子，假如 $S = \boldsymbol{A} \cdot \boldsymbol{B}$ ，且如果 $\boldsymbol{A}$ 和 $\boldsymbol{B}$ 是向量，則我們知道 S 是一個純量，我們在第 I 卷第 11 章證明過。我們並沒有去探討座標系改變時，S 是否會改變，但是我們**知道** S 是一個純量。S 是**不會**變的，因爲它是兩個向量的內積。同樣的，假如我們**知道** $\boldsymbol{A}$ 是一個向量，同時我們有三個量 B_1、B_2 及 B_3，並有以下的關係式

$$A_x B_1 + A_y B_2 + A_z B_3 = S \qquad (2.12)$$

其中 S 在任何座標系都相同，那麼這三個量 B_1、B_2 及 B_3 **必定**是某一個向量 $\boldsymbol{B}$ 的三個分量 B_x、B_y 及 B_z。

現在我們考慮一個溫度場。我們取兩點 P_1 和 P_2，兩者以很小的間隔 ΔR 互相分開。在 P_1 的溫度是 T_1，P_2 的溫度是 T_2，兩者的差是 $\Delta T = T_2 - T_1$。空間中這兩個眞實的點上的溫度，當然和我們用哪些軸來量座標無關。尤其 ΔT 是和座標系無關的量，它是一個純量。

如果我們取一組方便的座標軸，使我們可以將溫度寫爲 $T_1 = T(x, y, z)$，$T_2 = T(x + \Delta x, y + \Delta y, z + \Delta z)$，其中 Δx、Δy 和 Δz 是 $\Delta \boldsymbol{R}$ 的分量（圖 2-5）。回憶 (2.7) 式，我們可以寫成

$$\Delta T = \frac{\partial T}{\partial x} \Delta x + \frac{\partial T}{\partial y} \Delta y + \frac{\partial T}{\partial z} \Delta z \qquad (2.13)$$

(2.13) 式的左手邊是一個純量。右手邊是分別與 Δx、Δy 及 Δz 的三個乘積的和，而 Δx、Δy 和 Δz 是向量的分量。因此以下三個量

$$\frac{\partial T}{\partial x}, \frac{\partial T}{\partial y}, \frac{\partial T}{\partial z}$$

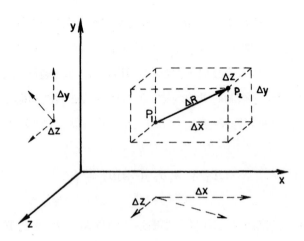

圖 2-5　向量 ΔR，它的分量是 Δx、Δy 及 Δz。

也會分別是一個向量的 x、y 及 z 分量。我們將這個新的向量用 $\boldsymbol{\nabla} T$ 來表示。$\boldsymbol{\nabla}$ 這個符號（唸做 del）是 Δ 的倒寫，用來提醒我們是微分。$\boldsymbol{\nabla} T$ 有幾種唸法：「del-T」、或者「T 的梯度」（gradient of T）、或者「grad T」，

$$\text{grad } T = \boldsymbol{\nabla} T = \left(\frac{\partial T}{\partial x}, \frac{\partial T}{\partial y}, \frac{\partial T}{\partial z} \right)^{\star} \qquad (2.14)$$

用這種記法，我們可以將 (2.13) 式寫成更簡潔的形式

*原注：用我們的記法，(a, b, c) 代表一個向量，其分量分別為 a、b 及 c。假如你喜歡用單位向量 i、j 及 k，那麼你可以寫成

$$\boldsymbol{\nabla} T = i \frac{\partial T}{\partial x} + j \frac{\partial T}{\partial y} + k \frac{\partial T}{\partial z}$$

$$\Delta T = \boldsymbol{\nabla} T \cdot \Delta \boldsymbol{R} \qquad (2.15)$$

用文字來說，上式是說，非常靠近的兩點之間的溫度差，是 T 的梯度與兩點的向量位移的內積。(2.15) 式的形式，也很清楚的印證了 $\boldsymbol{\nabla} T$ 確實是一個向量。

也許你還沒有給說服？讓我們再用另外一個方法來證明。（雖然假如你仔細的看，也許你可以看出來它實際上是同一個證明法，只是這個方法是較長而迂迴的形式！）我們將要證明 $\boldsymbol{\nabla} T$ 分量的變換，和 $\boldsymbol{R}$ 分量的變換形式是相同的。假如真的是這樣，那麼根據第 I 卷第 11 章最初對向量的定義，$\boldsymbol{\nabla} T$ 就是一個向量。我們取一個新的座標系 x'、y' 及 z'，並在這個新的座標系下計算 $\partial T/\partial x'$、$\partial T/\partial y'$ 以及 $\partial T/\partial z'$。將計算簡化一點，我們讓 $z = z'$，所以我們可以忘掉 z 軸。（你可以自己去驗證更一般性的情況。）

我們取的 $x'y'$ 座標系，是對 xy 座標系做 θ 角的旋轉，如圖 2-6(a) 所示。在原座標的某一點 (x, y)，在新座標為

$$x' = x \cos \theta + y \sin \theta \qquad (2.16)$$
$$y' = -x \sin \theta + y \cos \theta \qquad (2.17)$$

或者，解出 x 與 y 得

$$x = x' \cos \theta - y' \sin \theta \qquad (2.18)$$
$$y = x' \sin \theta + y' \cos \theta \qquad (2.19)$$

假如有一對數字是用上面的方程式來變換，如 x 與 y 的變換方式，那麼這對數字是一個向量的分量。

現在我們來看如圖 2-6(b) 所標示的兩個互相靠近的點 P_1 與 P_2 的溫度差。我們計算 x 和 y 方向的值，得

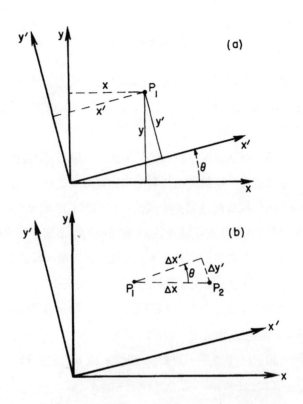

圖 2-6　(a) 旋轉座標系的變換。(b) 間隔 $\Delta\boldsymbol{R}$ 和 x 軸平行的特殊情形。

$$\Delta T = \frac{\partial T}{\partial x}\,\Delta x \tag{2.20}$$

因為 Δy 等於零。

　　在新的座標系的計算，會得到什麼呢？此時我們應該寫成

$$\Delta T = \frac{\partial T}{\partial x'}\,\Delta x' + \frac{\partial T}{\partial y'}\,\Delta y' \tag{2.21}$$

參看圖 2-6(b)，我們得到

$$\Delta x' \;=\; \Delta x \cos \theta \tag{2.22}$$

以及

$$\Delta y' \;=\; -\Delta x \sin \theta \tag{2.23}$$

因為當 Δx 是正的時候，$\Delta y'$ 是負的。將這兩個式子代入 (2.21) 式，
得到

$$\Delta T \;=\; \frac{\partial T}{\partial x'} \Delta x \cos \theta \;-\; \frac{\partial T}{\partial y'} \Delta x \sin \theta \tag{2.24}$$

$$=\; \left(\frac{\partial T}{\partial x'} \cos \theta \;-\; \frac{\partial T}{\partial y'} \sin \theta \right) \Delta x \tag{2.25}$$

比較 (2.25) 式和 (2.20) 式，我們得到

$$\frac{\partial T}{\partial x} \;=\; \frac{\partial T}{\partial x'} \cos \theta \;-\; \frac{\partial T}{\partial y'} \sin \theta \tag{2.26}$$

這個方程式告訴我們，從 $\partial T/\partial x'$ 和 $\partial T/\partial y'$ 得到 $\partial T/\partial x$ 的公式，與從 x'
和 y' 得到 x 的 (2.18) 式完全一樣。所以 $\partial T/\partial x$ 是一個向量的 x 分量。
用相同的論證，我們可以證明 $\partial T/\partial y$ 和 $\partial T/\partial z$ 分別是該向量的 y 分量
與 z 分量。所以 ∇T 確實是一個向量，是從純量場 T 導出來的一個
向量場。

2-4　算符 ∇

現在我們可以做一些非常有趣而巧妙的事，這些事情的特性，
使得數學非常漂亮。確認 ∇T 是一個向量的論證，和我們對**哪一個**

純量場微分無關。將 T 換成**任何一個純量場**，以上所有的論證仍然成立。因爲不論我們對哪一個場微分，這些變換公式都相同，所以我們可以將 T 省略，而用下面的算符方程式來取代 (2.26) 式

$$\frac{\partial}{\partial x} = \frac{\partial}{\partial x'} \cos \theta - \frac{\partial}{\partial y'} \sin \theta \qquad (2.27)$$

我們只留下算符，如同京士（James H. Jeans，英國天文學家、數學家兼物理學家）所說，「渴求某樣東西來微分。」

　　因爲微分算符本身的變換，就如向量分量的變換，我們可以稱它們爲**向量算符**的分量。我們可以寫成

$$\nabla = \left(\frac{\partial}{\partial x}, \frac{\partial}{\partial y}, \frac{\partial}{\partial z} \right) \qquad (2.28)$$

當然，這個式子的意義是

$$\nabla_x = \frac{\partial}{\partial x}, \qquad \nabla_y = \frac{\partial}{\partial y}, \qquad \nabla_z = \frac{\partial}{\partial z} \qquad (2.29)$$

我們已經將梯度的觀念抽象化，而不包含 T —— 這是令人驚奇的觀念。

　　你當然必須永遠記住 ∇ 是一個算符。它不和別的東西合在一起，沒有特別的意義。假如 ∇ 本身沒有意義，那假如我們將**它**乘以一個純量，例如說 T，而得到其乘積 $T\nabla$，這又有什麼意義呢？（我們永遠可以用一個純量去乘一個向量。）這個乘積仍然沒有意義，它 x 的分量是

$$T \frac{\partial}{\partial x} \qquad (2.30)$$

這並不是一個數字，而仍然是一個算符。然而根據向量的代數，我們仍然叫 $T\nabla$ 為向量。

現在，我們在 ∇ 的另外一邊乘以純量，所以我們得到 (∇T)。在一般的代數中

$$TA \;=\; AT \tag{2.31}$$

但是我們必須記住，算符的代數與普通的向量代數是有一點不太一樣。對於算符，順序必須永遠保持正確，以確保運算得到正確的意義。你只要記住，算符 ∇ 與微分的符號遵守相同的規則，就不會有什麼困難了。哪一個量要被微分，必須放在 ∇ 的右邊。順序是很重要的。

記住這個順序的問題，我們瞭解 $T\nabla$ 是一個算符，而乘積 ∇T 不再是有所渴望的算符，它已經完全的心滿意足了。∇T 確實是一個有意義的物理向量，代表 T 的空間變化率。∇T 的 x 分量，是 T 在 x 方向變化得多快的量度。∇T 的方向是哪一個方向呢？我們知道 T 在任何方向的變化率，是 ∇T 在該方向的分量（請見 (2.15) 式）。結果是，∇T 的方向，是它有最大分量的方向——換句話說，就是 T 改變得最快的方向。T 的梯度是在 T 有最陡的上坡率的方向。

2-5　∇ 的運算

我們還能運用向量算符 ∇，做什麼其他的代數呢？讓我們試著用另外一個向量與它組合。我們可以用內積的方式，讓兩個向量組合在一起。我們可以有以下兩個乘積：

（一個向量）$\cdot \boldsymbol{\nabla}$,　或者　$\boldsymbol{\nabla} \cdot$（一個向量）

第一個乘積沒有意義，因為那仍然只是一個算符，這個乘積最後的意義，要看它作用於哪一個量而定。第二個乘積是一個純量場。（$\boldsymbol{A} \cdot \boldsymbol{B}$ 永遠是一個純量。）

讓我們來看 $\boldsymbol{\nabla}$ 與一個我們知道的向量場（例如 $\boldsymbol{h}$）的內積。我們將其分量寫出來：

$$\boldsymbol{\nabla} \cdot \boldsymbol{h} = \nabla_x h_x + \nabla_y h_y + \nabla_z h_z \tag{2.32}$$

或者

$$\boldsymbol{\nabla} \cdot \boldsymbol{h} = \frac{\partial h_x}{\partial x} + \frac{\partial h_y}{\partial y} + \frac{\partial h_z}{\partial z} \tag{2.33}$$

上式右邊的和，在座標變換時是一個不變的量。假如我們換一個新的座標系（標示符號右上方加撇），我們得到★

$$\boldsymbol{\nabla}' \cdot \boldsymbol{h} = \frac{\partial h_{x'}}{\partial x'} + \frac{\partial h_{y'}}{\partial y'} + \frac{\partial h_{z'}}{\partial z'} \tag{2.34}$$

這個數目必須和由 (2.33) 式所得到的數目**相同**，雖然它們看起來不相同。也就是說

$$\boldsymbol{\nabla}' \cdot \boldsymbol{h} = \boldsymbol{\nabla} \cdot \boldsymbol{h} \tag{2.35}$$

★原注：我們將 $\boldsymbol{h}$ 想成是一個**物理量**，它的值會隨空間的位置變化，而不嚴格的把它看成是三個變數的數學函數。當我們用 x、y、z 或 x'、y'、z' 對 $\boldsymbol{h}$「微分」時，我們必須將 $\boldsymbol{h}$ 表示成適當變數的函數。

這個式子在空間任何一點都成立。所以 $\nabla \cdot \boldsymbol{h}$ 是純量場，代表某一個物理量。你必須瞭解在 $\nabla \cdot \boldsymbol{h}$ 中的微分的組合是非常特別的。還有其他各種的組合，例如 $\partial h_y/\partial x$，既不是純量，也不是向量的分量。

在物理中，純量 ∇（一個向量）是一個非常有用的量。我們給它一個名字，叫做**散度**。例如

$$\nabla \cdot \boldsymbol{h} = \text{div } \boldsymbol{h} = \text{「} \boldsymbol{h} \text{ 的散度」} \tag{2.36}$$

就像前面，我們說明了 ∇T 的物理內涵，我們也要解釋 $\nabla \cdot \boldsymbol{h}$ 在物理中的重要性。不過我們要暫緩一下，等到稍後再解釋。

首先，我們要看我們還能從向量算符 ∇ 得出什麼其他的量出來。兩個向量的外積又是如何？我們必定會期望

$$\nabla \times \boldsymbol{h} = \text{向量} \tag{2.37}$$

它是一個向量，我們可以用一般向量的外積規則來得到其分量（見 (2.2) 式）：

$$(\nabla \times \boldsymbol{h})_z = \nabla_x h_y - \nabla_y h_x = \frac{\partial h_y}{\partial x} - \frac{\partial h_x}{\partial y} \tag{2.38}$$

同樣的

$$(\nabla \times \boldsymbol{h})_x = \nabla_y h_z - \nabla_z h_y = \frac{\partial h_z}{\partial y} - \frac{\partial h_y}{\partial z} \tag{2.39}$$

以及

$$(\nabla \times \boldsymbol{h})_y = \nabla_z h_x - \nabla_x h_z = \frac{\partial h_x}{\partial z} - \frac{\partial h_z}{\partial x} \tag{2.40}$$

$\nabla \times \boldsymbol{h}$ 的組合叫做「$\boldsymbol{h}$ 的 **旋度**」。這個名稱的由來,以及這種組合的物理意義,將在稍後來討論。

歸納一下,我們有三種與 ∇ 的組合:

$$\nabla T \quad\ = \text{grad } T = \text{向量}$$
$$\nabla \cdot \boldsymbol{h} \quad = \text{div } \boldsymbol{h} \ = \text{純量}$$
$$\nabla \times \boldsymbol{h} = \text{curl } \boldsymbol{h} = \text{向量}$$

用這些組合,我們可以將場的空間變化,寫成方便的形式——因為與任何的座標軸都無關,所以是很方便的形式。

我們舉一個用向量微分算符 ∇ 的例子,我們用這個算符寫出一組向量方程式,與第 1 章裡我們用文字寫出來的電磁學定律完全相同。這些定律叫做馬克士威方程式。

馬克士威方程式

$$
\begin{align}
&(1) \qquad \nabla \cdot \boldsymbol{E} = \frac{\rho}{\epsilon_0} \\
&(2) \qquad \nabla \times \boldsymbol{E} = -\frac{\partial \boldsymbol{B}}{\partial t} \\
&(3) \qquad \nabla \cdot \boldsymbol{B} = 0 \\
&(4) \quad c^2 \nabla \times \boldsymbol{B} = \frac{\partial \boldsymbol{E}}{\partial t} + \frac{\boldsymbol{j}}{\epsilon_0}
\end{align}
\tag{2.41}
$$

其中 ρ(rho)是「電荷密度」,即每單位體積內的電荷量;而 $\boldsymbol{j}$ 是「電流密度」,即每秒鐘通過單位面積的電荷量。這四個方程式包含了完整的電磁場古典理論。你可以看出來,用我們的新符號,它們是多麼的簡潔漂亮!

2-6　熱流的微分方程式

讓我們再舉一個用向量符號寫出來的物理定律的例子。這個定律並非完全精確，但是對很多金屬以及其他一些導熱物質，還算相當正確。你知道，當你拿到了一片板狀的材料，將它的一面加熱到溫度 T_2，讓另外一面冷卻到不同的溫度 T_1，熱將經由該材料由 T_2 流到 T_1（圖 2-7(a)）。熱流將會與板子的面積 A 以及兩面的溫度差成正比，也會和板子的厚度 d 成反比。（當溫度差固定時，板子愈薄，熱流愈大。）讓 J 為每單位時間通過板子的熱能，我們可以將公式寫為

$$J = \kappa(T_2 - T_1) \frac{A}{d} \qquad (2.42)$$

比例常數 κ（kappa）叫做**熱導係數**。

在更複雜的情形時，會變成怎麼樣呢？例如在不規則的材料裡，溫度會以奇怪的方式變化嗎？假如我們只看這塊材中的一小部分，並想像一片非常薄的板子，如圖 2-7(a) 所示。並將它的表面轉到和等溫面（線）平行的方向，如圖 2-7(b) 所示，因此對於這個小板子來說，(2.42) 式是正確的。

如果小板子的面積是 ΔA，則每單位時間的熱流為

$$\Delta J = \kappa \, \Delta T \frac{\Delta A}{\Delta s} \qquad (2.43)$$

其中 Δs 是小板子的厚度。我們前面定義過 $\Delta J/\Delta A$ 是 h 的大小，h 的方向則為熱流的方向。熱流的方向是由 $T_1 + \Delta T$ 到 T_1，所以垂直於等溫面，如圖 2-7(b) 所繪。而 $\Delta T/\Delta s$ 則是 T 隨空間的變化率。因為空間的變化垂直於等溫面，所以這裡的 $\Delta T/\Delta s$ 是最大的變化率，因

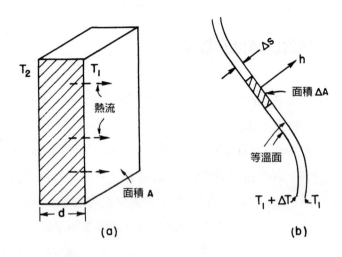

圖 2-7   (a) 通過一片板子的熱流。(b) 大塊材中一片非常薄的（想像）
板子，與某等溫面平行。

此就是 ∇T 的大小。又因爲 ∇T 的方向與 h 反向，所以 (2.43) 式可以
寫成向量方程式：

$$h = -\kappa \nabla T \tag{2.44}$$

（右手邊的負號是必須的，因爲熱流是依溫度「由高往低」流。）
(2.44) 式是在塊材中的導熱微分方程式。你可以看出來，這是一個
適當的向量方程式。當 κ 是一個數目時，兩邊都是一個向量。這是
長立方體板子特例的 (2.42) 式的推廣，可以應用到任何情況。將來
我們要學習，如何將所有在基礎物理的方程式，如 (2.42) 式，寫成
較成熟的向量方程式。用這種符號不只是讓方程式**看起來**比較簡
單，它也可以清楚的表現出方程式的**物理內涵**，而不需要特別提到
用哪一組座標系。

2-7　向量場的二階微分

到目前為止，我們只有一階微分。為什麼不做二階微分？我們可能有幾個組合：

(a)　$\nabla \cdot (\nabla T)$

(b)　$\nabla \times (\nabla T)$

(c)　$\nabla(\nabla \cdot \boldsymbol{h})$　　　　　　　　　　(2.45)

(d)　$\nabla \cdot (\nabla \times \boldsymbol{h})$

(e)　$\nabla \times (\nabla \times \boldsymbol{h})$

你可以檢查一下，這些都是可能的組合。

讓我們先看第二個微分 (b)。它和以下的形式相同：

$$A \times (AT) = (A \times A)T = 0$$

其中 $A \times A$ 永遠是零。所以我們應該得到

$$\text{curl} \, (\text{grad} \, T) = \nabla \times (\nabla T) = 0 \qquad (2.46)$$

我們計算上式的某一個分量，好瞭解上面的方程式是如何成立的：

$$[\nabla \times (\nabla T)]_z = \nabla_x(\nabla T)_y - \nabla_y(\nabla T)_x$$
$$= \frac{\partial}{\partial x}\left(\frac{\partial T}{\partial y}\right) - \frac{\partial}{\partial y}\left(\frac{\partial T}{\partial x}\right) \qquad (2.47)$$

此結果為零（根據 (2.8) 式）。其他分量也有相同的結果。所以，$\nabla \times (\nabla T) = 0$，對任何溫度的分布都成立——事實上，上式對**任何**

純量函數都成立。

現在讓我們再看另外一個例子，看看是否能再找到零。考慮一個向量，以及由此向量與其他向量外積所形成的向量，這兩個向量的內積為零：

$$A \cdot (A \times B) = 0 \qquad (2.48)$$

這是因為 $A \times B$ 是和 A 垂直的向量，所以它沒有和 A 平行的分量。這個組合在 (2.45) 式中的 (d) 出現，所以我們有

$$\nabla \cdot (\nabla \times h) = \text{div} (\text{curl } h) = 0 \qquad (2.49)$$

上式的結果為零，很容易用分量的計算得到印證。

現在我們將敘述兩個數學定理，但沒有給證明。對物理學家而言，它們是很有趣、也很有用的定理。

在物理上，我們常發現某一個量，例如向量場 A 的旋度為零。而我們從 (2.46) 式看到一個純量的梯度，其旋度為零。用向量的符號，我們很容易記住這個式子。於是我們可以確定的說，A 是某一個量的梯度，因為它的旋度必須為零。這個有趣的定理是，假如 A 的旋度是零，則 A **一定是某個量**的梯度——會有一個純量場 ψ (psi) 存在，使得 A 等於 $\nabla \psi$。換句話說，我們有

定理：

$$\begin{aligned}
&\text{如果} &\nabla \times A &= 0 \\
&\text{則有一個純量場 } \psi \text{ 存在} & & \qquad (2.50)\\
&\text{滿足} &A &= \nabla \psi
\end{aligned}$$

另外有一個類似的定理，是關於 A 的散度等於零的情形。我們

在 (2.49) 式看到，一個向量如果是某一個量的旋度，則其散度永遠
等於零。假如你遇到一個向量場 D，而 $\nabla \cdot D$ 等於零，則你可以得
到以下的結論：D 是某一個向量 C 的旋度，

定理：

如果　　　　　　　　　　　　$\nabla \cdot D = 0$

則有一個向量場 C 存在　　　　　　　　　　　　　　　(2.51)

滿足　　　　　　　　　　　　$D = \nabla \times C$

我們檢視了有兩個 ∇ 算符的組合，其中有兩個組合永遠等於
零。現在我們來看**不等於**零的其他組合。我們先看 $\nabla \cdot (\nabla T)$ 這個組
合，這是我們所列出的第一個。一般而言，它不等於零。我們將其
分量寫出來：

$$\nabla T = \mathbf{i}\nabla_x T + \mathbf{j}\nabla_y T + \mathbf{k}\nabla_z T$$

於是

$$
\begin{aligned}
\nabla \cdot (\nabla T) &= \nabla_x(\nabla_x T) + \nabla_y(\nabla_y T) + \nabla_z(\nabla_z T) \\
&= \frac{\partial^2 T}{\partial x^2} + \frac{\partial^2 T}{\partial y^2} + \frac{\partial^2 T}{\partial z^2}
\end{aligned}
\tag{2.52}
$$

通常會是某一個數目。這是一個純量場。

你可以看出來，我們並不需要保留括號，而寫成以下的形式，
並不會產生任何的混淆。

$$\nabla \cdot (\nabla T) = \nabla \cdot \nabla T = (\nabla \cdot \nabla)T = \nabla^2 T \tag{2.53}$$

我們把 ∇^2 看成是一個新的算符，它是一個純量算符。因為常出現

在物理，我們給它一個特別的名字──**拉普拉斯算符**（Laplacian）。

$$拉普拉斯算符 = \nabla^2 = \frac{\partial^2}{\partial x^2} + \frac{\partial^2}{\partial y^2} + \frac{\partial^2}{\partial z^2} \qquad (2.54)$$

因為拉普拉斯算符是一個純量算符，所以我們可以讓它跟一個向量運算──其意義是，拉普拉斯算符是運算於該向量在直角座標中的每一個分量：

$$\nabla^2 \boldsymbol{h} = (\nabla^2 h_x, \nabla^2 h_y, \nabla^2 h_z)$$

讓我們再看另外一個可能的運算 $\nabla \times (\nabla \times \boldsymbol{h})$，是 (2.45) 式所列的 (e)。這是某向量的旋度再取其旋度，如果我們利用 (2.6) 的向量等式，可以將它改寫成另外的形式，即

$$\boldsymbol{A} \times (\boldsymbol{B} \times \boldsymbol{C}) = \boldsymbol{B}(\boldsymbol{A} \cdot \boldsymbol{C}) - \boldsymbol{C}(\boldsymbol{A} \cdot \boldsymbol{B}) \qquad (2.55)$$

運用這個公式時，我們必須用 ∇ 來取代 $\boldsymbol{A}$ 和 $\boldsymbol{B}$，並令 $\boldsymbol{C} = \boldsymbol{h}$。這樣做了之後，我們得

$$\nabla \times (\nabla \times \boldsymbol{h}) = \nabla(\nabla \cdot \boldsymbol{h}) - \boldsymbol{h}(\nabla \cdot \nabla) \dots ???$$

等一下！出問題了。前兩項是向量沒有錯（算符沒有問題），但是最後一項並不是什麼量，它仍然是算符。困擾的來源是，我們沒有將各項的順序小心排好。假如我們再看 (2.55) 式，我們發現也可以寫成

$$\boldsymbol{A} \times (\boldsymbol{B} \times \boldsymbol{C}) = \boldsymbol{B}(\boldsymbol{A} \cdot \boldsymbol{C}) - (\boldsymbol{A} \cdot \boldsymbol{B})\boldsymbol{C} \qquad (2.56)$$

如此，各項的順序看起來比較好。現在用 (2.56) 來做我們的取代。我們得到

$$\nabla \times (\nabla \times \mathbf{h}) = \nabla(\nabla \cdot \mathbf{h}) - (\nabla \cdot \nabla)\mathbf{h} \qquad (2.57)$$

上式的形式,看起來是正確的。實際上,它是正確的,你可以以實際去計算其分量來證明。最後一項是拉普拉斯算符,所以我們也可將它寫成

$$\nabla \times (\nabla \times \mathbf{h}) = \nabla(\nabla \cdot \mathbf{h}) - \nabla^2\mathbf{h} \qquad (2.58)$$

在我們所列出來的清單中,我們對有兩個 ∇ 算符的組合,都已經做了一些說明,但是對於 (c) 還沒有,該項是 $\nabla(\nabla \cdot \mathbf{h})$。那是一個可能的向量場,但是沒有特別值得一提的地方,它只是一個可能偶爾會出現的向量場。

為方便起見,我們將上述的公式列表如下:

(a) $\nabla \cdot (\nabla T) = \nabla^2 T = $ 純量場

(b) $\nabla \times (\nabla T) = 0$

(c) $\nabla(\nabla \cdot \mathbf{h}) = $ 向量場

(d) $\nabla \cdot (\nabla \times \mathbf{h}) = 0$ $\qquad (2.59)$

(e) $\nabla \times (\nabla \times \mathbf{h}) = \nabla(\nabla \cdot \mathbf{h}) - \nabla^2\mathbf{h}$

(f) $(\nabla \cdot \nabla)\mathbf{h} = \nabla^2\mathbf{h} = $ 向量場

你可以看出來,我們並沒有發明新的向量算符 $(\nabla \times \nabla)$。你知道為什麼嗎?

2-8 陷阱

在前面,我們將一般向量代數的知識,應用到向量算符 ∇ 的代數。但是我們必須非常小心,因為我們可能誤入歧途。我們將提到

兩個陷阱，雖然在這門課裡不會出現。以下式子牽涉到兩個純量函數 ψ 和 ϕ（phi），你有何說法？

$$(\nabla\psi) \times (\nabla\phi)?$$

也許你會說：這必定會等於零，因為就如

$$(Aa) \times (Ab)$$

會等於零，因為兩個**相同的**向量的外積 $A \times A$ 永遠等於零。但是在我們的例子裡，兩個算符 ∇ 並不相等！第一個算符作用於函數 ψ，另外一個作用於不同的函數 ϕ。所以雖然我們用了同一個符號 ∇，但是它們必須看成是不同的算符。顯然 $\nabla\psi$ 的方向與 ψ 有關，所以與 $\nabla\phi$ 不太可能互相平行。

$$(\nabla\psi) \times (\nabla\phi) \neq 0 \quad (\text{一般來說})$$

幸好我們不會用到這些式子。（對於任何純量場 ψ 來說，$\nabla \times \nabla\psi = 0$ 的事實，因為這裡的兩個 ∇ 作用於同一個函數，不會受到前面所述而改變。）

第二個陷阱如下（同樣的，在這門課中，我們也遇不到這個陷阱）：上面所用的一些規則簡單漂亮，是因為我們用的是直角座標。例如我們有 $\nabla^2 h$，而想要計算 x 分量，也就是

$$(\nabla^2 h)_x = \left(\frac{\partial^2}{\partial x^2} + \frac{\partial^2}{\partial y^2} + \frac{\partial^2}{\partial z^2}\right) h_x = \nabla^2 h_x \qquad (2.60)$$

假如我們想要算 $\nabla^2 h$ 的**徑向**分量，則上面的表示式就**不對了**。$\nabla^2 h$ 的徑向分量並不是 $\nabla^2 h_r$。理由是，當我們談到向量代數時，所有向量的方向都是很確定的。但是談到向量場時，它們在不同的位置

有不同的方向。假如我們想要用極座標來描述一個向量場時,我們叫做「徑向」的方向,隨著位置不同而有不同的方向。所以我們對向量的分量微分時,會遇到很多問題。例如,考慮簡單的**常數**向量場(即空間各處的向量皆相等的向量場),其徑向分量也會隨著位置的改變而改變。

　　通常用直角座標是最安全和最簡單的選擇,可以避免許多麻煩。但是有一個值得一提的例外:因為拉普拉斯算符 ∇^2 是一個純量,我們可以用任何一個想用的座標(例如極座標)。但是因為拉普拉斯算符是一個微分算符,我們只能把它用在運算分量有固定方向的向量上,有固定方向也就是指直角座標。所以把向量方程式寫成分量時,我們將會用 x、y、z 分量來表示向量場。

第 **3** 章

向量積分學

3-1 向量積分：∇ψ 的線積分

在第 2 章，我們發現有幾種不同的方法來對一個場微分。有一些會得到向量場；有一些則會得到純量場。雖然我們發展出許多不同的公式，但是第 2 章的所有事情，可以歸納成一個規則：算符 $\partial/\partial x$、$\partial/\partial y$ 及 $\partial/\partial z$ 是向量算符 ∇ 的三個分量。我們現在要來瞭解一下場的微分的重要性。那麼我們對向量場方程式的意義，可以有進一步的看法。

我們已經討論過梯度運算（∇ 作用於一個純量場）的意義，現在我們來看散度與旋度的運算。要瞭解這些量的意義，最好的方法是用某一向量的積分，以及這些積分的相關方程式來解釋。很不幸的，這些方程式不能從向量代數的簡單替換來得到，所以你必須把這些看成是新的東西來學習。在這些積分公式中，有一個簡單易懂，但其他的則不是。我們將導出這些公式，並解釋它們的內涵。

我們將要學習的方程式，實際上是數學的定理。它們很有用，不只可以用來說明散度與旋度的意義和內涵，同時也可以用來建立一般性的物理理論。對於場的理論而言，這些數學定理的重要性，就像能量守恆定理對於粒子的力學一樣。想對物理有更深的瞭解，像這樣的一般性定理是很重要的。然而，你會發現，它們對解題並沒有很大的用處，除了最簡單的例子以外。不過，你會很高興發現，在我們開始學習這個主題時，會有許多簡單的問題，可以用我們介紹的三個積分公式解出來。但是我們會發現，當問題變得難一點時，這些簡單的方法就不管用了。

首先，我們看一個含有梯度的積分公式。一個觀念簡單的關係式：由於梯度代表場量的變化率，假如我們對這個變化率積分，就

會得到總變化量。假如我們有一個純量場 $\psi(x, y, z)$，而且在任何兩點 (1) 和 (2) 上，ψ 的值分別為 $\psi(1)$ 和 $\psi(2)$。（我們用一個方便的記號法，即 (2) 代表 (x_2, y_2, z_2) 這個點，而 $\psi(2)$ 就是 $\psi(x_2, y_2, z_2)$。）假如 Γ（gamma）是連接 (1) 和 (2) 的任意曲線，如圖 3-1 所示，那麼下列的關係式會成立：

定理 1

$$\psi(2) - \psi(1) = \int_{\substack{(1) \\ \text{沿著}\Gamma}}^{(2)} (\nabla \psi) \cdot ds \qquad (3.1)$$

這個積分是一個**線積分**，是沿著 Γ 從 (1) 到 (2)，$\nabla\psi$（一個向量）與 ds（另外一個向量，是沿著 Γ 的非常小的線元素，由 (1) 往向 (2) 的方向）的內積的積分。

　　首先，我們應該回顧一下線積分的意義。考慮一個純量函數 $f(x, y, z)$，以及連接 (1) 和 (2) 兩點的曲線 Γ。我們在曲線上標示出

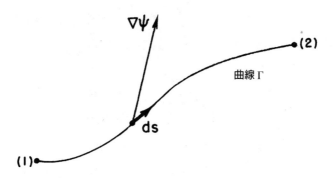

圖3-1　在(3.1)式用到的各項。在線元素 ds 上算 $\nabla\psi$ 的值。

一些點，並將相鄰的兩點用直線相連接，如圖 3-2 所示。每一個線段的長度為 Δs_i，i 是線段的序號，順序為 1、2、3……等。線積分

$$\int_{\substack{(1) \\ \text{沿著}\,\Gamma}}^{(2)} f\, ds$$

的意義，是以下這個總和的極限：

$$\sum_i f_i\, \Delta s_i$$

其中，f_i 是函數在第 i 個線段的值。極限值是我們讓線段的數目一直增加，最後所得到的總和的值（線段數目在合理的情況下增加，使得最大的 $\Delta s_i \to 0$）。

在我們定理中的積分，(3.1) 式和上面所討論的有一樣的意義，只是看起來有一點不相同。也就是說，我們用了另外一個純量——$\nabla\psi$ 在 Δs 方向的分量，來取代 f。假如 $(\nabla\psi)_t$ 是切線方向的分

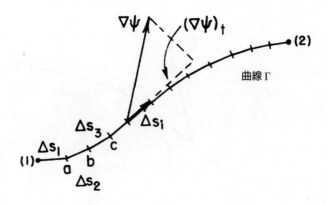

圖 3-2　線積分是和的極限

量，顯然以下的等式會成立：

$$(\nabla\psi)_t \, \Delta s = (\nabla\psi) \cdot \Delta s \qquad (3.2)$$

(3.1)式的積分，就是上式各項的和。

　　現在讓我們來看，為何 (3.1) 式是對的。在第 2 章我們證明過，$\nabla\psi$ 在一個小位移 ΔR 方向上的分量，是 ψ 在 ΔR 方向的變化率。考慮圖 3-2 中從 (1) 到點 a 的線段 Δs 。從我們的定義

$$\Delta\psi_1 = \psi(a) - \psi(1) = (\nabla\psi)_1 \cdot \Delta s_1 \qquad (3.3)$$

另外，我們有

$$\psi(b) - \psi(a) = (\nabla\psi)_2 \cdot \Delta s_2 \qquad (3.4)$$

其中，$(\nabla\psi)_1$ 代表在 Δs_1 計算出來的梯度，而 $(\nabla\psi)_2$ 則是代表在 Δs_2 計算出來的梯度。假如我們將 (3.3) 式和 (3.4) 式相加，我們得到

$$\psi(b) - \psi(1) = (\nabla\psi)_1 \cdot \Delta s_1 + (\nabla\psi)_2 \cdot \Delta s_2 \qquad (3.5)$$

你可以看出來，假如我們持續將這些項相加，會得到以下的結果

$$\psi(2) - \psi(1) = \sum_i (\nabla\psi)_i \cdot \Delta s_i \qquad (3.6)$$

假如 (1) 和 (2) 一直保持不變，左手邊和我們如何取間隔無關，所以我們可以取右手邊的極限。所以我們證明了 (3.1) 式。

　　你可以從我們的證明發現，等式的成立和我們如何取 a、b、c……這些點無關，同樣的也和如何取 (1) 到 (2) 的曲線 Γ 無關。對於**任何** (1) 到 (2) 的曲線，我們的定理都成立。

　　對於符號，我們有一點提示：你可以看出來，為了方便起見，我們可以簡化符號，而不會引起任何混淆：

$$(\nabla\psi) \cdot ds = \nabla\psi \cdot ds \tag{3.7}$$

用這種記號，我們的定理可以寫成

定理 1

$$\psi(2) - \psi(1) = \int_{\substack{(1) \\ \text{任何從 (1) 到} \\ \text{(2) 的曲線}}}^{(2)} \nabla\psi \cdot ds \tag{3.8}$$

3-2 向量場的通量

在考慮下一個積分定理，一個關於散度的定理之前，我們想要來學習一個物理觀念，我們可以用熱流的例子，很容易的瞭解物理的重要性。我們曾經定義過向量 h，是每單位時間流過每單位面積的熱能。假如在某一大塊材料內部，有一個閉合的表面 S 包圍住一個體積 V（圖 3-3）。我們想要找出有多少熱能流出這個**體積**。我們當然可以藉由計算流出**表面** S 的熱能，而得到答案。

我們用 da 代表曲面元素的面積。這個符號代表二維的微分。舉例來說，假如面積在 xy 平面，則我們有

$$da = dx\,dy$$

將來我們會有對體積的積分，為方便起見，我們考慮一個很小的立方體的微分體積。所以符號 dV 的意義是

$$dV = dx\,dy\,dz$$

有一些人喜歡用 d^2a，而不用 da，以提醒他們自己那是一個二

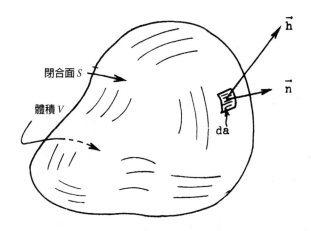

圖 3-3　閉合面 S 界定了體積 V。單位向量 n 是曲面元素 da 向外的法線，而 h 是通過曲面元素的熱流向量。

維的量。他們也會用 d^3V，而不用 dV。我們將用比較簡單的符號，同時希望你記得面積是二維的量，而體積則是三維的量。

　　由曲面元素 da 流出來的熱流，是面積乘以 h 垂直於 da 的分量。我們已經定義了 n 是一個垂直於表面、向外的單位向量（圖 3-3）。我們想要的 h 的分量為

$$h_n = h \cdot n \tag{3.9}$$

於是，由 da 流出來的熱流為

$$h \cdot n \, da \tag{3.10}$$

要得到由某個表面流出來的總熱流，我們必須將該表面所有曲面元素的貢獻都加起來。換句話說，我們將 (3.10) 做整個表面的積分：

$$\text{從 } S \text{ 流出的總熱流} = \int_S \boldsymbol{h} \cdot \boldsymbol{n} \, da \tag{3.11}$$

　　我們要把上面這個面積分叫做「通過表面的 $\boldsymbol{h}$ 的通量」。原先通量這個名詞的意思是流出量，所以這個面積分的意思是，通過表面的 $\boldsymbol{h}$ 的流出量。我們可以想像：$\boldsymbol{h}$ 是熱流的「流量密度」，而 $\boldsymbol{h}$ 的面積分是流出表面的總熱流，也就是每單位時間的熱能（焦耳／秒）。

　　我們要把這個觀念推廣到不代表任何流量的向量，例如，可能是電場。假如我們想要的話，當然可以將電場垂直於表面的分量對一個面積分。雖然那不是某一種東西的流量，我們仍然可以叫它為「通量」。我們可以說

$$\text{通過表面 } S \text{ 的 } \boldsymbol{E} \text{ 的通量} = \int_S \boldsymbol{E} \cdot \boldsymbol{n} \, da \tag{3.12}$$

我們將「通量」這個名詞的意思，推廣為某個向量的「法向分量的面積分」。就像現在考慮的並不是閉合面，但我們仍然沿用相同的定義。

　　回到熱流這個特殊例子，同時假設**熱是守恆**的情況。舉例來說，想像一個物質，在一開始時有熱的來源，但是其後再也沒有熱能的產生或被吸收。於是，假如對一個閉合的表面，熱有淨流出量，則在該表面內體積的熱能必會減少。所以在熱能守恆的情況下，我們有

$$\int_S \boldsymbol{h} \cdot \boldsymbol{n} \, da = -\frac{dQ}{dt} \tag{3.13}$$

其中，Q 是表面內的總熱能。通過 S 的熱通量，等於 S 內總熱能 Q 的時間變化率，並取負號。這樣的解釋能夠成立，是因為我們談的是熱流，而且假設總熱能是守恆的。當然，假如會有熱在體積內產生，我們就不能去談體積內的總熱能。

現在我們要指出一個有趣的事實，是跟任何向量的通量有關的。假如你願意，你可以想像這個向量是熱流，但是這個事實對任何向量場 C 都成立。想像我們有一個閉合面 S，圍起來的體積是 V。現在我們經由某一個「截面」，將這個體積分成兩部分，如圖 3-4 所示。現在我們有兩個閉合面以及兩個體積。體積 V_1 由表面 S_1 所包圍，S_1 包含了原有表面的一部分 S_a 以及截面 S_{ab}。體積 V_2 由表面 S_2 所包圍，S_2 包含了原有表面的一部分 S_b 以及截面 S_{ab}。現在

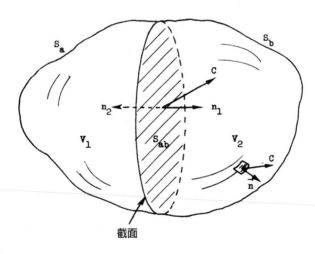

圖3-4　閉合面 S 內的體積 V，被一個「截面」S_{ab} 成分兩塊。其中一塊體積 V_1 為表面 $S_1 = S_a + S_{ab}$ 所包圍，而另一塊體積 V_2 為表面 $S_2 = S_b + S_{ab}$ 所包圍。

考慮以下的問題：假如我們計算經由表面 S_1 流出的通量，再加上通過 S_2 的通量。則這個通量和，是否與通過我們原先考慮的整個表面的通量相等？答案是肯定的。通過 S_1 與 S_2 共有表面 S_{ab} 的通量，剛好完全互相抵消。對於向量 C 流出 V_1 的通量，我們可以寫爲

$$\text{通過 } S_1 \text{ 的通量} = \int_{S_a} C \cdot n \, da + \int_{S_{ab}} C \cdot n_1 \, da \qquad (3.14)$$

而流出 V_2 的通量爲

$$\text{通過 } S_2 \text{ 的通量} = \int_{S_b} C \cdot n \, da + \int_{S_{ab}} C \cdot n_2 \, da \qquad (3.15)$$

注意在第二個積分中，當 S_{ab} 屬於 S_1 的一部分時，我們用 n_1 表示 S_{ab} 的向外法線，而當 S_{ab} 屬於 S_2 的一部分時，我們用 n_2 表示其向外法線，如圖 3-4 所示。顯然 $n_1 = -n_2$，所以

$$\int_{S_{ab}} C \cdot n_1 \, da = - \int_{S_{ab}} C \cdot n_2 \, da \qquad (3.16)$$

當我們將 (3.14) 式與 (3.15) 式相加時，通過 S_1 與 S_2 的通量和，剛好等於對 S_1 與 S_2 的積分和，也就是通過原來的表面 $S = S_1 + S_2$ 的通量。

我們看到通過整個外表面 S 的通量，可以看成是通過兩個體積的通量和，這兩個體積合起來是表面 S 內的總體積。同樣的，你可以再切割下去——例如將 V_1 再切成兩塊。很清楚的，同樣的論證可以成立。所以無論用**任何**方法將原來的體積切割，通過其外表面的通量，將會等於由所有內部小塊體積流出的通量和。

3-3 立方體流出的通量；高斯定理

我們現在考慮一個小立方體* 的特殊例子，由此得到一個有趣公式，表示由該立方體流出的通量。考慮一個立方體，它的邊與三個座標軸平行，如圖 3-5 。假設最靠近原點的角的座標是 (x, y, z)。讓 Δx 是立方體在 x 方向的長度， Δy 是在 y 方向的長度，而 Δz 是 z 方向的長度。我們要計算向量場 C 通過這個立方體表面的通量。我們分別計算通過六個面的通量，然後將它們相加。首先考慮圖中標示為 1 的面。經由這個面**往外流**的通量是 C 的 x 分量在整個表面的

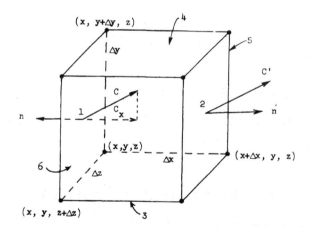

圖 3-5　自小立方體流出的 C 通量的計算

*原注：以下的討論，可以應用到任何長方體。

積分，然後再取負號。這個通量為

$$- \int C_x \, dy \, dz$$

因為我們考慮的是**很小的**立方體，這個積分可以近似為 C_x 在這個面中心點的值——我們將這個點叫做點 (1)，乘以這個面的面積 $\Delta y \, \Delta z$：

$$\text{由 1 流出的通量} \; = \; -C_x(1) \, \Delta y \, \Delta z$$

相同的，由面 2 流出的通量為

$$\text{由 2 流出的通量} \; = \; C_x(2) \, \Delta y \, \Delta z$$

一般而言，$C_x(1)$ 和 $C_x(2)$ 的值會有一點點不相同。假如 Δx 夠小的話，我們有

$$C_x(2) \; = \; C_x(1) + \frac{\partial C_x}{\partial x} \, \Delta x$$

當然還有更多的項，但是這些項都含有 $(\Delta x)^2$ 或者更高次方的項，假如我們取很小的 Δx 的極限，它們都可以忽略。所以通過面 2 的通量為

$$\text{由 2 流出的通量} = \left[C_x(1) + \frac{\partial C_x}{\partial x} \, \Delta x \right] \Delta y \, \Delta z$$

將通過面 1 和面 2 的通量相加，我們得到

$$\text{由 1 和 2 流出的通量} = \frac{\partial C_x}{\partial x} \, \Delta x \, \Delta y \, \Delta z$$

上式的微分必須取面 1 中心點的值，也就是在 $[x, \, y + (\Delta y/2), \, z +$

($\Delta z/2$)]。但是在非常小的立方體的極限下，我們可以取角落 (x, y, z) 的值，而其誤差可以忽略。

把相同的理由應用到另外兩對互相平行的面，我們得到

$$由 3 和 4 流出的通量 = \frac{\partial C_y}{\partial y} \Delta x \, \Delta y \, \Delta z$$

以及

$$由 5 和 6 流出的通量 = \frac{\partial C_z}{\partial z} \Delta x \, \Delta y \, \Delta z$$

通過所有表面的總通量是這些項的和，我們得到

$$\int_{立方體} C \cdot n \, da = \left(\frac{\partial C_x}{\partial x} + \frac{\partial C_y}{\partial y} + \frac{\partial C_z}{\partial z} \right) \Delta x \, \Delta y \, \Delta z$$

而上式中，各項微分的和就是 $\nabla \cdot C$。同時 $\Delta V = \Delta x \, \Delta y \, \Delta z$，是立方體的體積。所以對於一個非常小的立方體，我們可以說

$$\int_{表面} C \cdot n \, da = (\nabla \cdot C) \, \Delta V \qquad (3.17)$$

我們證明了，經由非常小的立方體的表面流出的通量，等於這個向量的散度乘以立方體的體積。我們看到了向量散度的「意義」。一個向量在點 P 的散度，是在 P 附近**每單位體積**的通量，通量就是 C 往外的「流量」。

我們建立了 C 的散度以及 C 在每一個很小體積往外流的通量的關係。對於任何一個有限大的體積，我們都可以運用上面證明過的事實——從一個體積流出的總通量，等於其中各部分往外通量的和。也就是說，我們可以對整個體積做積分。這給我們一個定理：對任何一個向量的法向分量做閉合面的積分，也可以寫為該向量的

散度對表面所包圍的體積做積分。這個定理以高斯（Karl F. Gauss, 1777-1855，德國數學家）為名。

高斯定理

$$\int_S \boldsymbol{C} \cdot \boldsymbol{n} \, da = \int_V \boldsymbol{\nabla} \cdot \boldsymbol{C} \, dV \tag{3.18}$$

其中，S 是任何一個閉合的表面，而 V 是 S 所圍起來的體積。

3-4 熱傳導；擴散方程式

現在讓我們考慮一個利用高斯定理的例子，以便熟悉這個定理。假設我們再次考慮熱流的問題，例如金屬中的熱流。假設情況很簡單，所有的熱能都已經加到物體中，而現在開始冷卻。因為沒有熱源，所以熱能是守恆的。於是在任何時間，某選定體積內的熱有多少？熱由該體積的表面流出多少，體積內的熱就會**減少**多少。假如我們的體積是一個小立方體，則由 (3.17) 式，我們得到

$$熱流出量 = \int_{立方體} \boldsymbol{h} \cdot \boldsymbol{n} \, da = \boldsymbol{\nabla} \cdot \boldsymbol{h} \, \Delta V \tag{3.19}$$

但是，這必須等於立方體內熱的耗損率。假如 q 是每單位體積內的熱能，在立方體內的熱能為 $q \, \Delta V$，所以**耗損**率為

$$-\frac{\partial}{\partial t}(q \, \Delta V) = -\frac{\partial q}{\partial t} \Delta V \tag{3.20}$$

比較 (3.19) 式和 (3.20) 式，我們看出

$$-\frac{\partial q}{\partial t} = \boldsymbol{\nabla} \cdot \boldsymbol{h} \tag{3.21}$$

小心注意這個方程式的形式，這種形式時常出現在物理中，表示一種守恆律 —— 這裡是熱的守恆。(3.13) 式則是表示這個事實的另一個方式。這裡是守恆方程式的**微分**形式，而 (3.13) 式則是**積分**形式。

我們是將 (3.13) 式應用到一個非常小的立方體上，因而得到 (3.21) 式。我們也可以反向來運算，對於由 S 所包圍的一個大體積 V，高斯定理告訴我們

$$\int_S \boldsymbol{h} \cdot \boldsymbol{n} \, da = \int \boldsymbol{\nabla} \cdot \boldsymbol{h} \, dV \tag{3.22}$$

利用 (3.21)，上式的右手邊會等於 $-dQ/dt$，因此我們又得到 (3.13) 式。

現在讓我們考慮不同的情形。想像有一塊材料，其中有一個小洞，洞中正發生某種化學反應而產生熱。或者我們可以想像有一條電線，連接一個小電阻，通電流後，電阻會發熱。我們假設有一個點會產生熱，而在那一點上，每秒鐘產生的能量是 W。我們也假設，在體積內的其他地方，熱是守恆的，而熱的產生已持續很長的時間了，所以體積內各點的溫度不會再改變了。問題是：在這個材料內，不同位置的熱向量 $\boldsymbol{h}$ 會是何種形態呢？在每一點的熱流是多少呢？

我們知道，對閉合面做 $\boldsymbol{h}$ 法向分量的積分，如果該表面內含有熱源，積分的結果會是 W。既然我們已經假設熱流很穩定，從一個點產生的熱，必定都會經過表面流出去。我們面對的難題是要尋找

一個向量場，這個向量場對任何表面積分時，都會得到 W。不過如果我們取特殊的表面，則很容易得到所要的場。我們取一個中心在熱源，半徑為 R 的球面，並假設熱流是徑向的（圖3-6）。我們的直覺告訴我們，假如材料夠大，而且不是在很靠近邊緣的地方，h 應該是徑向的，且在球面上各點都有相同的值。你可以看出來，此處我們加進了一些猜想的工作——通常叫做「物理的直覺」，到我們的數學裡，以便得到答案。

　　當 h 是徑向且球對稱的，h 的法向分量在面積上的積分是很簡單的，因為法向分量就是 h 的大小，而那是一個常數。我們要積的面積是 $4\pi R^2$。於是我們有

$$\int_S h \cdot n\, da = h \cdot 4\pi R^2 \tag{3.23}$$

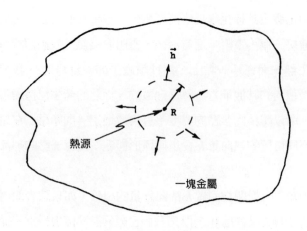

圖3-6　靠近一個點熱源的區域，熱流是徑向的。

（其中，h 是 $\boldsymbol{h}$ 的大小）。這個積分必須等於熱源產生熱能的速率 W。我們得到

$$h = \frac{W}{4\pi R^2}$$

即

$$\boldsymbol{h} = \frac{W}{4\pi R^2}\, \boldsymbol{e}_r \qquad\qquad (3.24)$$

如往常一樣，式中的 $\boldsymbol{e}_r$ 是直徑方向的單位向量，和我們以前所用的符號相同。我們的結果告訴我們，$\boldsymbol{h}$ 和 W 成正比，但是和熱源的距離平方成反比。

我們剛剛得到的結果，可以應用到點熱源附近的熱流。現在我們要來找一個方程式，可以應用到更一般性的熱流，但仍滿足熱是守恆的條件。我們只考慮沒有熱源或者熱吸收體的區域。

我們在第 2 章導出了熱傳導的微分方程式，由 (2.44) 式，

$$\boldsymbol{h} = -\kappa\, \boldsymbol{\nabla} T \qquad\qquad (3.25)$$

（回憶一下，這個關係式只是近似的式子，但是對於某些材料，例如金屬，是很好的近似。）當然，這只能應用到材料中沒有熱的產生或吸收的區域。我們在上面也導出了另外一個關係式，即 (3.21) 式，在熱守恆時成立。我們將該式和 (3.25) 結合得到

$$-\frac{\partial q}{\partial t} = \boldsymbol{\nabla} \cdot \boldsymbol{h} = -\boldsymbol{\nabla} \cdot (\kappa\, \boldsymbol{\nabla} T)$$

可以改寫為

$$\frac{\partial q}{\partial t} = \kappa \, \mathbf{\nabla} \cdot \mathbf{\nabla} T = \kappa \, \nabla^2 T \tag{3.26}$$

其中，我們假設 κ 是一個常數。回憶一下，q 是每單位體積內的熱能，而且 $\mathbf{\nabla} \cdot \mathbf{\nabla} = \nabla^2$ 是拉普拉斯算符

$$\nabla^2 = \frac{\partial^2}{\partial x^2} + \frac{\partial^2}{\partial y^2} + \frac{\partial^2}{\partial z^2}$$

假如我們再多加一項假設，可以得到一個很有趣的方程式。假如我們假設材料的溫度與每單位體積內所含有的熱能成正比──也就是說材料有固定的比熱。當這項假設成立時（通常如此），我們會有

$$\Delta q = c_v \, \Delta T$$

可以改寫為

$$\frac{\partial q}{\partial t} = c_v \, \frac{\partial T}{\partial t} \tag{3.27}$$

熱的變化率與溫度變化率成正比。這裡的比例常數 c_v，為此材料每單位體積的比熱。利用 (3.27) 式，再加上 (3.26) 式，我們得到

$$\frac{\partial T}{\partial t} = \frac{\kappa}{c_v} \, \nabla^2 T \tag{3.28}$$

我們發現，在空間的每一點，T 的時間變化率與拉普拉斯算符作用於 T 成正比，而後者是對空間變數的二階微分。我們得到一個溫度 T 的微分方程式，其變數為 x、y、z 和 t。

(3.28) 式叫做熱擴散方程式，常寫成以下的形式：

$$\frac{\partial T}{\partial t} = D\,\nabla^2 T \qquad\qquad (3.29)$$

其中，D 叫做**擴散**常數，在這裡它等於 κ/c_v。

擴散方程式常在許多物理問題中出現，例如氣體的擴散、中子的擴散等等。我們在第 I 卷第 43 章中已經討論過這類現象。現在你有了完整的方程式，它描述擴散最可能的一般性情況。在往後一點的章節，我們將討論如何去解這個擴散方程式，並找出在某一些特殊情形時 T 如何變化。現在我們再回頭來考慮向量場的其他定理。

3-5 向量場的環流量

我們現在要來看看向量的旋度，所用的方法大致上和討論向量散度的方法相同。我們是從面積分而得到高斯定理，雖然一開始時，我們顯然不明白這會牽扯到散度。我們如何會知道要做面積分來得到散度呢？實際上，我們一點都不清楚會得到那樣的結果。同樣在明顯缺乏判斷理由的情況下，我們要做向量的另外一種計算，最後卻顯露出這會與旋度有關。

這一次，我們要計算的量，叫做向量場的環流量。假如 C 是任一向量場，我們取它沿著一個曲線的分量，然後將分量沿著曲線積分，並積完整個迴圈。這個積分叫做向量場繞著迴圈的**環流量**。在這一章前面的章節，我們已經考慮過 $\nabla\psi$ 的線積分。現在，我們來對**任何**向量場 C 做同樣的積分。

讓 Γ 是空間的任一迴圈，當然是想像中的迴圈，圖 3-7 畫出一個例子。我們將 C 沿著迴圈的分量的線積分寫成

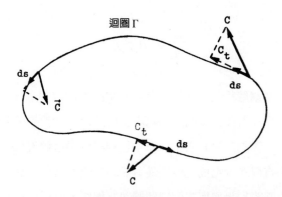

圖3-7　繞著曲線 Γ 的 C 的環流量，是 C 的切向分量 C_t 的線積分。

$$\oint_\Gamma C_t \, ds = \oint_\Gamma C \cdot ds \tag{3.30}$$

你必須注意到，這個積分是繞著一個完整的迴圈，而不是前面討論的由一點積到另外一點。積分符號上的小圓圈，讓我們記住積分是繞一個完整的圈子。這個積分叫做這個向量場繞著曲線 Γ 的環流量。這個名稱的來源，是考慮液體的循環而來的。但是這個名稱就像通量一樣，已經給推廣到任何場，甚至包括沒有物質在「循環」的場。

　　跟在討論通量時所用的技巧一樣，我們將證明，繞著迴圈的環流量，等於繞著兩個部分迴圈的環流量的和。假設我們將圖3-7中的曲線分成兩個迴圈，也就是把原來線上的兩個點 (1) 和 (2) 用一條線連起來，並將原來的曲線切成兩邊，如圖 3-8 所示。現在有兩個迴圈 Γ_1 和 Γ_2，Γ_1 由 Γ_a 和 Γ_{ab} 組合而成，其中 Γ_a 是原來曲線在 (1) 和 (2) 左邊的部分，而 Γ_{ab} 是「捷徑」的線。Γ_2 是曲線剩餘的部

分,再加上「捷徑」所組成。

繞著 Γ_1 的環流量,等於沿著 Γ_a 和 Γ_{ab} 的積分和。同樣的,繞著 Γ_2 的環流量,等於沿著 Γ_b 和 Γ_{ab} 的積分和。對於 Γ_2 而言,沿著 Γ_{ab} 的積分,和 Γ_1 沿著 Γ_{ab} 的積分正負號會相反,因為兩者繞的方向相反;但是我們必須取相同「旋轉方向」上的線積分。

遵循前面用過的相同論證,我們可以證明兩個環流量的和,會等於繞著原先的曲線 Γ 的線積分。沿著 Γ_{ab} 的積分會互相抵消。繞著第一個迴圈的環流量,加上繞著第二個迴圈的環流量,等於外圈的環流量。我們可以繼續上述的過程,將原來的迴圈切成任何數目的更小迴圈。當我們將這些小迴圈的環流量相加時,相鄰兩個迴圈共用的線會互相抵消。所以,總環流量會等於原先單一迴圈的環流量。

現在,讓我們假設原來的迴圈是某一個表面的邊界。當然,會有無窮多個表面,以原來的迴圈為邊界。但是,結果將不會和我們取哪一個面有關。首先我們將原來的迴圈切割成很多小迴圈,都在我們所選取的表面上,如圖 3-9 所示。不論這個表面是什麼形狀,

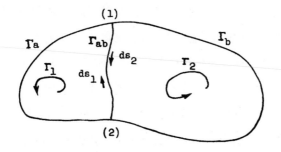

圖3-8 繞著整個迴圈的環流量,等於繞著以下兩個迴圈:$\Gamma_1 = \Gamma_a + \Gamma_{ab}$ 以及 $\Gamma_2 = \Gamma_b + \Gamma_{ab}$ 的環流量的和。

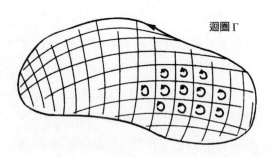

圖 3-9　取某一個表面，它的邊界是迴圈 Γ。將這個表面分成許多小面
積，每一個都近似正方形。繞著 Γ 的環流量是所有小迴圈的環
流量的和。

只要我們取的小迴圈夠小，我們可以假設每一個小迴圈所包圍的面
積幾乎是平的。同時，我們可以選擇讓每一個小迴圈都幾乎是正方
形的。現在我們可以計算繞著每一個小正方形的環流量，然後將它
們加起來，總和就是大迴圈 Γ 的環流量。

3-6 繞著正方形的環流量；斯托克斯定理

　　我們如何去找出每一個小正方形的環流量？有一個問題是，正
方形在空間中是朝哪一個方向？假如它有特殊的方向，我們很容易
去做計算。舉例來說，假如正方形是平躺在某一個座標平面上。因
為我們對座標軸的方向尚未做任何假設，我們可以取一組座標軸，
使得目前正在考慮的小正方形剛好在 xy 平面上，如圖 3-10 所示。
假如我們的結果是用向量的符號來表示，我們可以說這個結果與平
面的方向無關。

　　我們現在要計算繞著選定的小正方形的 *C* 的環流量。假如我們

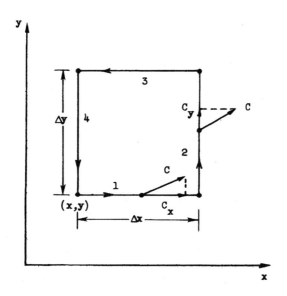

<u>圖 3-10</u>　計算繞著小正方形的 C 的環流量

取的正方形夠小，使得 C 在正方形的每一邊變化很小，那麼我們很容易做線積分。（正方形愈小，這個假設就愈能成立，所以我們取的是無限小的正方形。）從圖中左下方的點 (x, y) 開始，我們順著箭頭的方向繞。沿著第一個邊，標示為 (1) 的邊，切向分量是 $C_x(1)$，而長度是 Δx。積分的第一部分是 $C_x(1)\,\Delta x$。沿著第二個邊，我們得到 $C_y(2)\,\Delta y$。沿著第三個邊，我們得到 $-C_x(3)\,\Delta x$，而沿著第四個邊是 $-C_y(4)\,\Delta y$。負號是必須的，因為我們要的是在繞行方向的切向分量。於是，整個線積分為

$$\oint C \cdot ds = C_x(1)\,\Delta x + C_y(2)\,\Delta y - C_x(3)\,\Delta x - C_y(4)\,\Delta y \quad (3.31)$$

現在我們看第一項與第三項，兩者合起來是

$$[C_x(1) - C_x(3)] \Delta x \qquad (3.32)$$

也許你會想，用我們的近似，上式的差爲零。這種第一階的近似是成立的。但是，假如我們考慮 C_x 的變化率，會得到更準確的結果。假如我們這樣來考慮，可以寫成

$$C_x(3) = C_x(1) + \frac{\partial C_x}{\partial y} \Delta y \qquad (3.33)$$

假如我們再考慮下一階的近似，這些項會含有 $(\Delta y)^2$ 的因子，所以可以省略，因爲最後我們會讓 $\Delta y \to 0$。將 (3.33) 和 (3.32) 合在一起考慮，我們得到

$$[C_x(1) - C_x(3)] \Delta y = - \frac{\partial C_x}{\partial y} \Delta x \, \Delta y \qquad (3.34)$$

用我們的近似，上面的微分可以用在 (x, y) 這一點的值來計算。

同樣的，我們可以將環流量的另外兩項寫成

$$C_y(2) \Delta y - C_y(4) \Delta y = \frac{\partial C_y}{\partial x} \Delta x \, \Delta y \qquad (3.35)$$

所以，繞著我們取的正方形的環流量爲

$$\left(\frac{\partial C_y}{\partial x} - \frac{\partial C_x}{\partial y} \right) \Delta x \, \Delta y \qquad (3.36)$$

這個結果很有趣，因爲括號中的兩項剛好是旋度的 z 分量。同時，我們注意到 $\Delta x \, \Delta y$ 是正方形的面積，所以 (3.36) 的環流量可以寫成

$$(\boldsymbol{\nabla} \times \boldsymbol{C})_z \, \Delta a$$

但是，z 分量實際上是曲面元素的**法向**分量。所以我們可以將繞著無限小正方形的環流量，寫成不變的向量形式：

$$\oint \boldsymbol{C} \cdot d\boldsymbol{s} = (\boldsymbol{\nabla} \times \boldsymbol{C})_n \, \Delta a = (\boldsymbol{\nabla} \times \boldsymbol{C}) \cdot \boldsymbol{n} \, \Delta a \qquad (3.37)$$

我們的結果是：繞著一個無限小正方形的任一向量 $\boldsymbol{C}$ 的環流量，等於 $\boldsymbol{C}$ 的旋度在表面法向的分量乘以正方形的面積。

繞著任一迴圈 Γ 的環流量，現在很容易可以和向量場的旋度拉上關係。在迴圈上，我們可以填上任何方便的表面 S，如圖 3-11 所示，並將繞著此表面上一組無限小正方形的環流量相加起來。相加的和可以寫成一個積分。我們的結果是一個很有用的定理，叫做斯

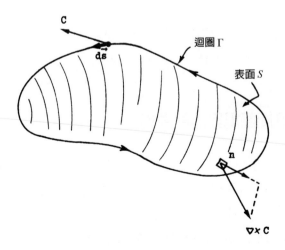

圖3-11　繞著 Γ 的 C 環流量，等於 $\nabla \times C$ 的法向分量的面積分。

托克斯定理〔Stokes' theorem，爲了紀念英國的斯托克斯（George Stokes）先生〕。

斯托克斯定理：

$$\oint_\Gamma \mathbf{C} \cdot d\mathbf{s} = \int_S (\mathbf{\nabla} \times \mathbf{C})_n \, da \tag{3.38}$$

其中，S 是任何以 Γ 爲邊界的表面。

我們需要談一下正負號的規定。圖 3-10 的「慣用」座標系，也就是「右手」座標系中，z 軸會**指向**你。當我們用「正的」轉動方向來做線積分，發現環流量等於 $\mathbf{\nabla} \times \mathbf{C}$ 的 z 分量。假如我們反向來環繞，則會得到相反的符號。現在的問題是，在一般情形下，我們如何去找到 $\mathbf{\nabla} \times \mathbf{C}$ 的「法向」分量爲正的方向？「正的」法線方向必須隨時與轉動方向有關，如圖 3-10。圖 3-11 中，我們標示出一般的情況。

有一個方法可以記住這個關係，那就是用「右手定則」。假如你用**右手**的手指頭來繞著曲線 Γ，當拇指的四根指頭順著 $d\mathbf{s}$ 的正方向時，那麼你的拇指的方向就是表面 S 的**正**法線方向。

3-7 無旋度場與無散度場

我們現在要來考慮這個新定理的一些後果。首先考慮一個向量，它的旋度在**任何地方**都等於零。斯托克斯定理告訴我們，繞著任何迴圈的環流量都會等於零。假如我們取閉合曲線上的兩個點 (1) 和 (2)（圖 3-12），則從 (1) 到 (2) 的切向分量的線積分，和我們取兩條可能路徑中的哪一條無關。我們會得到一個結論，即從 (1) 到 (2)

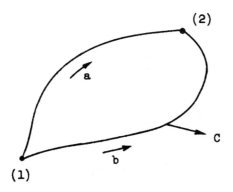

圖 3-12　如果 $\nabla \times C$ 等於零，則繞著閉合曲線 Γ 的環流量會等於零。沿著
　　　　a 由 (1) 到 (2) 的 $C \cdot ds$ 的線積分，和沿著 b 的線積分必定相等。

的積分只與兩點的位置有關而已——也就是說，這只是一個位置函
數而已。我們在第 I 卷第 14 章用過相同的邏輯，在那裡我們證明
了，假如某一個量順著一個閉合圈的積分永遠為零，那麼這個積分
可以用一個函數在兩端位置取其值的差來表示。這個事實，讓我們
發明位勢的觀念。我們更進一步證明，向量場是位勢函數的梯度
（見第 I 卷的 (14.13) 式）。

　　由此我們得到，任何旋度為零的向量場，會等於某一個純量函
數的梯度。也就是說，如果在任何地方 $\nabla \times C = 0$ 都成立，則會有
一個函數 ψ（psi）存在，使得 $C = \nabla\psi$ 成立，這是一個很有用的觀
念。假如我們願意，我們可以用一個純量場來描述這個向量場。

　　讓我們再來證明其他的定理。假設我們有一個**任意**的純量場 ϕ
（phi）。假如我們取其梯度 $\nabla\phi$，則此向量繞著任何閉合圈的積分必
須等於零。它由點 (1) 到點 (2) 的線積分是 $[\phi(1) - \phi(2)]$。假如 (1)
和 (2) 是同一點，那麼我們的定理 1，即 (3.8) 式，告訴我們這個線

積分等於零：

$$\oint_{\text{迴圈}} \nabla\phi \cdot ds = 0$$

利用斯托克斯定理，我們得到以下的結論

$$\int \nabla \times (\nabla\phi)\, da = 0$$

這個式子對**任何**表面都成立。但是如果對**任何**表面的積分都等於零，則被積函數必須等於零。所以

$$\nabla \times (\nabla\phi) = 0, \quad 永遠成立$$

在第 2-7 節，我們用了向量代數的方法，證明了跟上式相同的結果。

　　現在讓我們來看一個特殊情形，有一個小迴圈 Γ，張開一個**大**表面 S，如圖 3-13 所示。事實上我們是要看看，當迴圈縮小到變成一個點，表面的邊界消失了——表面變成閉合的面，此時會發生什麼事？假如 C 在任何地方都是有限大的，則當 Γ 縮小成一個點時，繞著 Γ 的線積分會變成零——線積分大致和 Γ 的周長成正比，而周長等於零。根據斯托克斯定理，$(\nabla \times C)_n$ 的面積分也必須等於零。也就是說，當我們讓表面閉合時，我們會加進去一項，與原來有的項互相抵消。所以，我們有了一個新的定理：

$$\int_{\substack{任何\\閉合面}} (\nabla \times C)_n\, da = 0 \tag{3.39}$$

這很有趣，因為先前我們已經有一個向量場面積分的定理。根

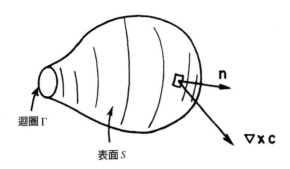

<u>圖 3-13</u>　讓表面趨近於閉合的極限，我們發現 $(\nabla \times C)_n$ 的面積分必須
等於零。

據高斯定理（(3.18) 式），面積分等於向量散度的體積分。應用高斯
定理到 $\nabla \times C$，我們得到

$$\int_{\text{閉合面}} (\nabla \times C)_n \, da = \int_{\text{裡面的體積}} \nabla \cdot (\nabla \times C) \, dV \tag{3.40}$$

我們因此得到第二個積分也必須等於零的結論：

$$\int_{\text{任何體積}} \nabla \cdot (\nabla \times C) \, dV = 0 \tag{3.41}$$

而上式對於任何向量場 C 都成立。因為 (3.41) 式對於**任何體積**都成
立，所以空間中的**每一點**，被積函數都必須等於零。我們有

$$\nabla \cdot (\nabla \times C) = 0, \text{ 永遠成立}$$

但是這和我們在第 2-7 節用向量代數所得的結果是一樣的。現在我
們開始要看看，怎麼把每件事情兜在一起。

3-8 總 結

　　讓我們把在向量微積分所得到的結果做一個總結。這些眞的都是第 2 章和第 3 章的特點：

(1) 算符 $\partial/\partial x$、$\partial/\partial y$ 及 $\partial/\partial z$，是向量算符 ∇ 的三個分量。而在向量代數運算中，將以下算符當成一個向量所得到的公式是正確的：

$$\nabla = \left(\frac{\partial}{\partial x}, \frac{\partial}{\partial y}, \frac{\partial}{\partial z} \right)$$

(2) 一個純量場在兩個不同點的值的差，等於沿著第一點到第二點的任意曲線上，純量場梯度的切向分量的線積分：

$$\psi(2) - \psi(1) = \int_{\substack{(1) \\ \text{任何曲線}}}^{(2)} \nabla\psi \cdot d\mathbf{s} \tag{3.42}$$

(3) 對閉合面做任意向量的法向分量的面積分，等於對表面內體積做向量散度的體積分：

$$\int_{\text{閉合面}} \mathbf{C} \cdot \mathbf{n} \, da = \int_{\text{表面內體積}} \nabla \cdot \mathbf{C} \, dV \tag{3.43}$$

(4) 繞著閉合圈做任意向量的切向分量的線積分，等於對以該迴圈爲邊界的任意表面做向量旋度的法向分量的面積分。

$$\int_{\text{邊界}} \mathbf{C} \cdot d\mathbf{s} = \int_{\text{表面}} (\nabla \times \mathbf{C}) \cdot \mathbf{n} \, da \tag{3.44}$$

第4章
靜電學

4-1 靜電學與靜磁學

我們現在開始來學習電磁學理論的細節。所有電磁學理論的內容都包含在馬克士威方程式中。

馬克士威方程式：

$$\nabla \cdot E = \frac{\rho}{\epsilon_0} \tag{4.1}$$

$$\nabla \times E = - \frac{\partial B}{\partial t} \tag{4.2}$$

$$c^2 \nabla \times B = \frac{\partial E}{\partial t} + \frac{j}{\epsilon_0} \tag{4.3}$$

$$\nabla \cdot B = 0 \tag{4.4}$$

這些方程式所描述的，可能是非常複雜的情況。我們首先要考慮的，是相對來說比較簡單的情形，學習如何處理這些比較簡單的問題，然後再去考慮更複雜的問題。最簡單的情形是，所有的量都和時間沒有關係——這叫做靜態的狀況。所有電荷的位置都固定不變，或者如果電荷會運動，也是形成穩定的電流（所以 ρ 和 j 是常數，不會隨著時間變化）。在這種情形下，馬克士威方程式中，所有場的時間微分的項都等於零。此時馬克士威方程式變成：

請複習：第 I 卷第 13 章和第 14 章〈功與位能〉。

靜電學：

$$\nabla \cdot E = \frac{\rho}{\epsilon_0} \tag{4.5}$$

$$\nabla \times E = 0 \tag{4.6}$$

靜磁學：

$$\nabla \times B = \frac{j}{\epsilon_0 c^2} \tag{4.7}$$

$$\nabla \cdot B = 0 \tag{4.8}$$

　　從上面這組含有四個方程式的聯立方程式，你會發現一個有趣的結果：它們可以分成兩對。電場 E 只出現在第一和第二個方程式，而磁場 B 只出現在第三和第四個方程式，所以這兩個場是互相沒有關聯的。**這表示只要電荷和電流是靜態的，則電和磁是互相沒有關聯的現象。**只有當電荷或電流會隨著時間改變，例如電容器在充電或者磁鐵在運動，E 和 B 才會互相有關聯。只有當隨著時間的變化夠快，使得馬克士威方程式中的時間微分不可忽略，E 和 B 才會互相有影響。

$$\epsilon_0 c^2 = \frac{10^7}{4\pi}$$

$$\frac{1}{4\pi\epsilon_0} \approx 9 \times 10^9$$

$$[\epsilon_0] = 庫侖^2 / 牛頓 \cdot 公尺^2$$

現在假如你仔細看靜態的這些方程式，你將會發現，學習我們稱爲靜電學和靜磁學的這兩個主題，是用來學習向量場數學性質的理想例子。靜電場是**旋度等於零**、而**散度爲已知量**的向量場的好例子。而靜磁場則是**散度等於零**、而**旋度爲已知量**的向量場的好例子。比較傳統，或許你會認爲也是更恰當的教授電磁學的方法，是先從靜電學講起，因此我們就先來學習散度。靜磁學與旋度，稍後再來討論。最後再把電和磁合起來討論。我們已經學過了完整的向量微積分，現在我們就把它應用到靜電學的特例，前面的第一個和第二個方程式的電場 E。

我們從最簡單的情形開始——即所有電荷的位置都已知。假如我們只要學習到這個程度的靜電學（我們在這一章和下一章要學的），一切都非常簡單，實際上可以說是一目瞭然。你將看到，所有的量都可以由庫侖定律以及一些積分求得。

但是，在實際的靜電學問題裡，我們在解問題之前，並不知道電荷的位置在哪裡。我們只知道，電荷的分布方式與它所在物質的性質有關。電荷的位置與電場 E 有關，而 E 的大小與方向又和電荷的位置有關。因此問題變得很複雜。例如將一個帶有電荷的物體靠近一個導體或者絕緣體，導體或絕緣體中的電子和質子會受電荷的影響而移動位置，所以 (4.5) 式中的電荷密度 ρ 有一部分是已知的（即帶電物體的電荷密度），但是還有一部分是我們不知道的（就是導體或絕緣體中因電子和質子的移動而產生的電荷密度）。以上兩部分的電荷密度都必須考慮進來才行。有一些問題會變得奇妙、有趣。

所以雖然本章是討論靜電學，但是將不包含更漂亮、更奇妙的部分。我們將只討論那些我們可以假設所有電荷位置都是已知的情形。當然你要先會解簡單的問題，然後才能進一步去解更複雜的問題。

4-2 庫侖定律；疊加原理

從(4.5)式和(4.6)為出發點來討論問題，是很合邏輯的步驟，但是我們發現從別的地方開始，再回到這兩個方程式，反而會比較容易一點。我們將從已經談過的庫侖定律開始。這個定律說，兩個靜止不動的電荷之間的力，和兩個電荷的乘積成正比，而和兩者之間的距離平方成反比。力的方向是沿著連接這兩個電荷的直線上。

庫侖定律：

$$F_1 = \frac{1}{4\pi\epsilon_0} \frac{q_1 q_2}{r_{12}^2} e_{12} = -F_2 \qquad (4.9)$$

F_1 是**作用在**電荷 q_1 的力，e_{12} 是**從** q_2 **到** q_1 這個方向的單位向量，而 r_{12} 是 q_1 和 q_2 之間的距離。作用於電荷 q_2 的力 F_2，與 F_1 的大小相等，方向相反。

由於歷史的沿革，比例常數寫成 $1/4\pi\epsilon_0$。在我們使用的單位制 —— MKS 制中，這個常數從定義而來的精確值為 10^{-7} 乘以光速的平方。因為光速的近似值為 3×10^8 公尺／秒，因此這個常數的近似值為 9×10^9，單位為「牛頓·公尺^2／庫侖^2」，或者「伏特·公尺／庫侖」。

$$\begin{aligned}
\frac{1}{4\pi\epsilon_0} &= 10^{-7}c^2 \quad (\text{定義}) \\
&= 9.0 \times 10^9 \,(\text{實驗值})
\end{aligned} \qquad (4.10)$$

$$\text{單位：牛頓·公尺}^2\text{／庫侖}^2$$
$$\text{或　伏特·公尺／庫侖}$$

　　當有兩個以上的電荷同時存在時——這是唯一有趣的時刻，我們必須在庫侖定律外，加上一個自然界的事實：即作用於任何一個電荷的力，是其他所有電荷對此電荷所施的庫侖力的向量和。這個事實叫做「疊加原理」（principle of superposition）。這就是靜電學的全部。假如我們將庫侖定律與疊加原理合在一起，就沒有其他的了。(4.5) 式和 (4.6) 式這兩個靜電學的方程式，就包含了靜電學的全部，不多也不少。

　　利用庫侖定律時，引進電場的觀念，會有很多方便的地方。我們用 $E(1)$ 表示 q_1 每單位電荷所受的力（由其他所有電荷而來）。(4.9) 式除以 q_1，我們得到 q_1 以外的電荷的電場

$$E(1) = \frac{1}{4\pi\epsilon_0} \frac{q_2}{r_{12}^2} e_{12} \qquad (4.11)$$

當 q_1 不存在，而所有其他電荷的大小與位置都保持不變時，$E(1)$ 還是有它的物理意義。我們說：$E(1)$ 是在點 (1) 的電場。

　　電場 E 是一個向量，所以 (4.11) 式實際上是三個方程式，每一個分量都有一個。例如 (4.11) 式的 x 分量，明確的表示式為

$$E_x(x_1, y_1, z_1)$$
$$= \frac{q_2}{4\pi\epsilon_0} \frac{x_1 - x_2}{[(x_1 - x_2)^2 + (y_1 - y_2)^2 + (z_1 - z_2)^2]^{3/2}} \qquad (4.12)$$

其他兩個分量，有相似的表示式。

　　假如有好幾個電荷存在，則在任何一點 (1) 的電場 E，為每一個電荷產生的電場的和。和中的每一項，看起來就像 (4.11) 或 (4.12)。我們用 q_j 表示第 j 個電荷的大小，用 r_{1j} 表示從 qj 到點 (1) 的距離，則電場可以寫為

$$E(1) = \sum_j \frac{1}{4\pi\epsilon_0} \frac{q_j}{r_{1j}^2} e_{1j} \tag{4.13}$$

以分量表示,即

$$E_x(x_1, y_1, z_1)$$
$$= \sum_j \frac{1}{4\pi\epsilon_0} \frac{q_j(x_1 - x_j)}{[(x_1 - x_j)^2 + (y_1 - y_j)^2 + (z_1 - z_j)^2]^{3/2}} \tag{4.14}$$

等等。

雖然電荷是由質點狀態的電子與質子而來,但是在大部分情況下,我們可以忽略它們的不連續性質,而把它們看成像是延展成一片連續性的東西——即所謂的「分布」。只要我們意不在很小尺度內的情況,這種近似是可以的。我們用「電荷密度」$\rho(x, y, z)$ 來表示電荷的分布。假如在點 (2) 的小體積 ΔV_2 內的電荷量的大小爲 Δq_2,則 ρ 的定義爲

$$\Delta q_2 = \rho(2) \Delta V_2 \tag{4.15}$$

庫侖定律中的電荷如果是這種分布時,則(4.13)式或(4.14)式中的和,必須由積分來取代,積分的範圍包括所有含有電荷的地方。於是我們有

$$E(1) = \frac{1}{4\pi\epsilon_0} \int_{\substack{\text{所有的}\\\text{空間}}} \frac{\rho(2)e_{12}\,dV_2}{r_{12}^2} \tag{4.16}$$

有一些人喜歡用下列的式子

$$e_{12} = \frac{r_{12}}{r_{12}}$$

其中 r_{12} 是從 (2) **到** (1) 的位移向量，如圖 4-1 所示。E 的積分因此可以寫成

$$E(1) = \frac{1}{4\pi\epsilon_0} \int_{\substack{\text{所有的} \\ \text{空間}}} \frac{\rho(2)r_{12}\,dV_2}{r_{12}^3} \tag{4.17}$$

當我們想將上式積分時，通常必須把細節都很明確的寫出來。我們可以將 (4.16) 式或 (4.17) 式的 x 分量寫成

$$E_x(x_1, y_1, z_1)$$

$$= \int_{\substack{\text{所有的} \\ \text{空間}}} \frac{(x_1 - x_2)\rho(x_2, y_2, z_2)\,dx_2\,dy_2\,dz_2}{4\pi\epsilon_0[(x_1 - x_2)^2 + (y_1 - y_2)^2 + (z_1 - z_2)^2]^{3/2}} \tag{4.18}$$

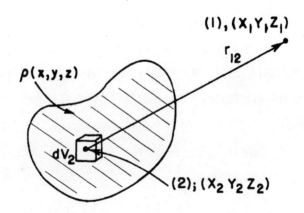

圖 4-1　由電荷分布而產生在點 (1) 的電場 E，此電場是由積分電荷的分布而來。點 (1) 也可以在電荷分布內。

我們並不會常用這個公式。我們將它寫出來，只是要強調，當所有電荷的位置爲已知時，靜電學的所有問題都已經解出來了。當電荷爲已知時，電場的大小與方向爲何？**答案**：做積分。所以這個題目並無其他內涵，只是要做三維的複雜積分而已——這純粹是計算機的工作而已。

有了這個積分公式，我們可以算出各種電荷分布所產生的電場，例如電荷分布在一個平面上、一條線上、一個球殼上，或者任何已知的分布。很重要的一點是，我們必須知道，在我們畫電場線、談到電位、或者計算散度時，我們已經有了答案了。不過，我們也須知道，有時候做一些聰明的猜測，要比直接去積分容易一點。要做好猜測的工作，需要學習各種奇妙的情況。就實用方面來說，或許先不要想做聰明的猜測，而直接去做積分會比較簡單一點。但我們還是想嘗試學聰明一點，所以我們將討論電場的各種特性。

4-3 電位

我們先討論電位的觀念，這和將一個電荷從一個位置移到另外一個位置所做的功有關。電荷的分布產生了電場。我們要問的是，將一個很小的電荷從一個位置移到另外一個位置需要做多少功。將一個電荷沿著一路徑而抵抗電場所做的功，等於電場在運動方向的分量沿著路徑的積分，但是最後需取此積分的負值。假如我們將電荷從 a 點移至 b 點，則功爲

$$W = -\int_a^b \mathbf{F} \cdot d\mathbf{s}$$

其中 F 是電荷在每一點**所受**的靜電力,而 ds 則是沿著路徑的微分向量位移(見圖4-2)。

我們比較有興趣的情況是,考慮對一個**單位**電荷所做的功。此時電荷所受的力就等於電場。我們將這情況所做的功叫做 W(單位電荷),則

$$W(單位電荷) = -\int_a^b E \cdot ds \qquad (4.19)$$

在一般的情況時,上式的積分值與路徑有關。假如 (4.19) 式中的積分與 a 到 b 的路徑有關,則我們可以將電荷移到 b 再移回到 a,而從電場得到功。將電荷移到 b 時沿著 W 比較小的路徑,再移回到 a 時沿著另外一條路徑,因此從電場**得到的**功比我們**輸進去**的還多。

理論上,從一個場得到能量,並不是不可能。實際上,我們將會遇到有這種可能的場。就好像當你移動一個電荷時,會產生力作用於「機器」的另一部分。假如「機器」運動的方向與力相反,它

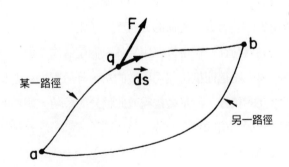

圖4-2 將一個電荷從 a 點移至 b 點所做的功,等於 $F \cdot ds$ 沿著路徑的積分,再取負號。

將損失能量，因此在世界上的總能量會保持固定。然而，在**靜電學**裡，這種「機器」並不存在。我們知道反作用於電場源的力是什麼。產生電場的電荷所受到的是庫侖力。假如其他所有電荷的位置都不變——我們僅在**靜電學**裡如此假設，則移動電荷產生的反作用力對電荷不做功。我們無法從它們得到能量，當然，能量守恆原理在靜電學的情況下必須成立才行。我們相信是成立的，我們可以證明由庫侖力定律可以導出這個結論。

我們先考慮由單一電荷 q 所產生的電場中的情形。考慮 a、b 兩點，它們和 q 的距離分別為 r_a 和 r_b。現在我們將另外一個電荷由 a 移到 b，這個電荷我們叫它為「檢驗」電荷，其電荷量為一個單位。

讓我們從最容易計算的路徑開始。先將檢驗電荷沿著一個圓弧移動，然後再順著半徑的方向移動，如圖 4-3(a) 所示。計算沿著上述路徑所做的功，是小孩子都會做的計算（否則我們也不會取這個路徑）。首先，由 a 到 a' 沒有做功。電場是在半徑的方向（庫侖定律），所以和運動的方向垂直。再來，由 a' 到 b 時，電場的方向與運動的方向一致，大小與 $1/r^2$ 成正比。因此將檢驗電荷由 a 移到 b 所做的功為

$$-\int_a^b \boldsymbol{E} \cdot d\boldsymbol{s} = -\frac{q}{4\pi\epsilon_0}\int_{a'}^b \frac{dr}{r^2} = -\frac{q}{4\pi\epsilon_0}\left(\frac{1}{r_a} - \frac{1}{r_b}\right) \quad (4.20)$$

現在我們再取另外一個簡單的路徑，例如圖 4-3(b) 所示的路徑。先沿著一個圓弧移動一小段，然後順著半徑方向移動一小段，再來又沿著圓弧移動，後又順著半徑方向移動等等。每一次沿著圓弧移動時沒有做功。沿著半徑方向移動時，我們必須將 $1/r^2$ 積分。沿著半徑方向移動的第一小段，我們由 r_a 積到 $r_{a'}$，再來的一小段

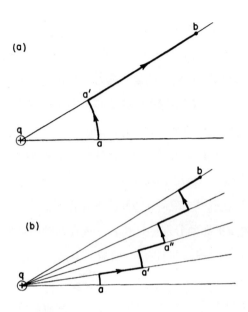

圖4-3   將一個檢驗電荷由 a 帶到 b，不論經由哪一條路徑，所做的功都相等。

是從 $r_{a'}$ 積到 $r_{a''}$ 等等。這些積分的和，與由 r_a 一次積到 r_b 的結果是一樣的。我們取這個路徑所得到的結果，和我們第一次取的路徑的結果是相同的。很明顯的，只要是我們取的路徑是圓弧和半徑方向的結合，不論分成多少小段，結果都會相同。

假如我們取平滑的路徑，結果會如何呢？我們會得到相同的結果嗎？我們在第 I 卷的第 13 章已經討論過這一點。把相同的論點應用到這裡，我們的結論是，將一個單位電荷由 a 移到 b 所做的功，和路徑無關。

$$\left.\begin{array}{c} W\,{\scriptstyle (單位電荷)} \\ a \rightarrow b \end{array}\right\} = -\int_{a \atop {任何 \atop 路徑}}^{b} E \cdot ds$$

因為所做的功只和起始兩點有關，它可以用兩個數目的差來表示。我們的說明如下。我們取一個參考點 P_0，並取所有的路徑都**經過** P_0 來做積分。讓 $\phi(a)$ 表示從 P_0 到 a 點抵抗電場所做的功，$\phi(b)$ 表示**從** P_0 到 b 點所做的功（圖4-4）。從點 a 到 P_0（到 b 點的中途點）所做的功是負的 $\phi(a)$，所以我們得到

$$-\int_{a}^{b} E \cdot ds = \phi(b) - \phi(a) \tag{4.21}$$

因為式中只含有函數 ϕ 在兩個點的值的差，我們實際上並不需要去標明 P_0 的位置。但是只要我們取定一個參考點，空間**任何一**點的 ϕ 值就定了。因此 ϕ 是一個**純量場**。它是 x、y、z 的函數。

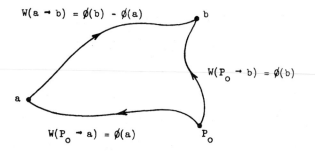

圖4-4　不論經由哪一條路徑，由 a 到 b 所做的功，等於從 b 到 P_0 所做的功，減去從 P_0 到 a 所做的功。

我們叫此純量函數爲空間任何一點的**靜電位**。

靜電位：

$$\phi(P) = -\int_{P_0}^{P} \boldsymbol{E} \cdot d\boldsymbol{s} \tag{4.22}$$

爲了方便起見，我們常取無窮遠的點爲參考點。因此，用 (4.20) 式，由在原點的單一電荷在空間任何一點 (x, y, z) 所產生的電位 ϕ 爲

$$\phi(x, y, z) = \frac{q}{4\pi\epsilon_0} \frac{1}{r} \tag{4.23}$$

由許多個電荷所產生的電場，可以寫爲第一個電荷產生的電場，加上第二個電荷產生的電場，再加上第三個電荷產生的電場等等。我們將這些和做積分去求電位，於是會得到一些積分的和。每一個積分代表一個電荷產生的電位。我們的結論是，許多電荷產生的電位 ϕ 是每一個個別電荷所產生的電位的和。所以電位也有疊加原理。我們把許多電荷或者電荷分布所產生的電場的公式，推廣到電位，得到在點 (1) 的電位的完整公式：

$$\phi(1) = \sum_j \frac{1}{4\pi\epsilon_0} \frac{q_j}{r_{1j}} \tag{4.24}$$

$$\phi(1) = \frac{1}{4\pi\epsilon_0} \int \frac{\rho(2)\,dV_2}{r_{12}} \tag{4.25}$$

我們需要記住，電位 ϕ 有它的物理意義：它是我們將一個單位電荷，由一個參考點移到一個特定點的電位能。

4-4 $E = -\nabla\phi$

電荷所受的力，是由電場 E 來計算，那誰還會在乎 ϕ 呢？重點是我們可以由 ϕ 很容易求出 E —— 事實上很簡單，只要做微分就好了。考慮有相同的 y 和 z 的兩個點，一個在 x，另一個在 $x+\Delta x$，我們要來求一個單位電荷，由一點移到另外一點需做多少功，路徑是沿著水平線由 x 到 $x+\Delta x$。所做的功等於在這兩點的電位差：

$$\Delta W = \phi(x + \Delta x, y, z) - \phi(x, y, z) = \frac{\partial\phi}{\partial x}\Delta x$$

但是，沿著同樣路徑抵抗電場所做的功為

$$\Delta W = -\int E \cdot ds = -E_x \Delta x$$

由以上兩式，我們得

$$E_x = -\frac{\partial\phi}{\partial x} \tag{4.26}$$

相同的步驟，我們可以得到 $E_y = -\partial\phi/\partial y$，$E_z = -\partial\phi/\partial z$，我們可以用向量分析的符號，將上面三個分量的公式集合成一個公式，

$$E = -\nabla\phi \tag{4.27}$$

上式是 (4.22) 式的微分形式。任何電荷的大小與位置為已知的問題，都可用 (4.24) 式或 (4.25) 式來求電位，再用 (4.27) 式求電場，就可以知道答案了。(4.27) 式和我們從向量分析的結果吻合：任何純

量場 ϕ 滿足下式

$$\int_a^b \boldsymbol{\nabla}\phi \cdot d\boldsymbol{s} = \phi(b) - \phi(a) \qquad (4.28)$$

(4.25) 式告訴我們，求純量電位 ϕ 必須做三維的積分，這和求 $\boldsymbol{E}$ 時是一樣的。如果是這樣子，捨棄求 $\boldsymbol{E}$ 而去求 ϕ 有什麼好處呢？當然有，求 ϕ 只需做一個積分，而求 $\boldsymbol{E}$ 則需做三個積分，因為電場是向量。另外一點是，$1/r$ 的積分通常比 x/r^2 的積分容易做一些。根據許多實際的計算，通常先計算出 ϕ，再取其梯度來求電場，要比直接去計算 $\boldsymbol{E}$ 的三個積分要容易一點。這只是實用上的問題。

電位 ϕ 還有更深一層的物理意義。我們曾經證明過，庫侖定律的 $\boldsymbol{E}$ 可以由 $\boldsymbol{E} = -\boldsymbol{\nabla}\phi$ 求得，其中 ϕ 滿足 (4.22) 式。但如果 $\boldsymbol{E}$ 是一個純量場的梯度，則由向量分析，$\boldsymbol{E}$ 的旋度必須等於 0：

$$\boldsymbol{\nabla} \times \boldsymbol{E} = 0 \qquad (4.29)$$

然而，上式就是我們在靜電學中所給的第二個基本方程式 (4.6) 式。因此我們證明了，庫侖定律所定出來的 $\boldsymbol{E}$ 滿足上面的條件。到現在為止，一切都沒有問題。

實際上我們在定義出電位以前，就已經證明了 $\boldsymbol{\nabla} \times \boldsymbol{E}$ 等於零。我們證明了沿著閉合的路徑所做的功等於零。也就是

$$\oint \boldsymbol{E} \cdot d\boldsymbol{s} = 0$$

這對**任何**路徑都成立。我們在第 3 章就驗證過，任何滿足上式的場，在空間任何一點上的 $\boldsymbol{\nabla} \times \boldsymbol{E}$ 都等於零。靜電學中的電場是無旋度場的一個例子。

你可以用另外的方法證明 $\nabla \times E$ 等於零,來練習向量分析——利用 (4.11) 式來求一個點電荷所產生的電場的 $\nabla \times E$。假如你得到的結果是零,則疊加原理告訴你,任何電荷分布所產生的電場都會得到零。

我們必須指出重要的一個事實,即如果力的方向是在直徑方向,則其所做的功都會和路徑無關,因此有一個對應的位勢存在。我們再回想一下,我們上面證明了做功的積分和路徑無關,實際上只用到了一個事實,即一個點電荷產生的力是在直徑方向,並且是球對稱的。我們並沒有用到力與距離的 $1/r^2$ 關係——與 r 的任何關係都可以。電位的存在和 E 的旋度等於零,實際只是由於靜電力的**對稱**和**方向**而來。由於上述的理由,(4.28) 式,或者 (4.29) 式,只包含了靜電學定律內涵的一部分而已。

4-5 E 的通量

我們現在要導出一個場的方程式,它明確而直接的顯現出一個事實,即力的定律是與距離的平方成反比。對某一些人來講,場的大小與距離的平方成反比,是「最自然」不過的事,因爲「物質就是這樣散開來的」。例如光線由一個光源射出來:以光源爲頂點的錐體內,不論量測的面距離頂點多遠,所量到的光的量是一樣的。假如光的能量是守恆的,這是必然的結果。每單位面積的光量,也就是光的強度,必須和錐體截面的面積成反比,即和光源的距離平方成反比。當然,依相同的理由,電場必須和距離的平方成反比!但是在這裡,「相同的理由」並不存在。沒有人可以說,電場所量測的某種東西流動,是像光一樣必須守恆的東西。

假如我們以一種「模型」來描述電場。在這種模型中,電場向

量代表某一種像小「子彈」的物質的方向和速度，也就是「子彈」往外飛出的流動，**同時**此模型假設子彈數目是守恆的，一旦它們由電荷射出，沒有一個會消失不見，那麼我們可以說，我們能夠「看見」，與距離平方成反比的定律是必須的。另一方面必須有數學方法，來表達這個物理觀念。假如電場真的如同射出的子彈，而且數目守恆，則電場會與距離的平方成反比，我們應該可以用純粹是數學上的方程式來描述這種行為。只要我們不說電場是由子彈**組成**，上述的想法並沒有壞處，我們只是用一個模型，來幫助我們去找出正確的數學。

現在我們就假設電場是代表一種守恆物質的流動，除了電荷所在之處，到處都有。（電場總要由某一個地方射出！）我們想像，不論由電荷流出的是什麼，都會流向電荷四周各處。假如 E 是這流動的向量（就像 h 是熱流一樣），它會在點源頭附近呈現出 $1/r^2$ 的關係。現在我們要用上述的模型去找出更有深度或者說是更抽象的方法，來表示和距離平方成反比的定律，而不是只說「和距離平方成反比」。（也許你會感到困惑，為何我們不直接說出這個簡單的定律，而要用不明顯的方式來影射同一個定律。請有耐心一點！將來你會發現這是很有用的。）

我們要問：在點電荷附近的任意閉合面，會有多少 E「流」出來？我們先取簡單的面，如圖 4-5 所示。假如 E 像流體，流出此閉合面所形成的盒子的淨流量必須等於零。假如我們說「流」出一個面的流量，是指 E 垂直於此面的分量的面積分，則這就是我們會得到的結果——也就是 E 的通量。在半徑方向的面上，法向分量等於零。在圓面上的法向分量 E_n 等於 E 的大小，較小的圓面上為負值，較大的圓面上為正值。E 的大小隨著 $1/r^2$ 遞減，但是圓的面積與 r^2 成正比，因此兩者相乘之後，就與 r 無關了。E 流入 a 面的通

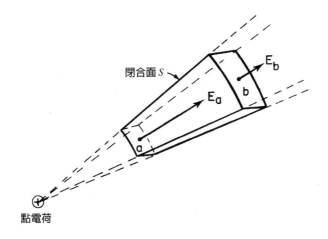

圖4-5 流出表面 S 的 E 的通量為零

量，剛好和流出 b 面的通量抵消掉。流出閉合面 S 的總流量等於零，因此對這個面而言，下式成立

$$\int_S E_n \, da = 0 \qquad (4.30)$$

再來我們要證明前端和後端的兩個面，可以和輻射線有傾斜角度，而不影響 (4.30) 式積分的值。雖然這個結論對一般兩端的面都成立，但是，在這裡我們只要證明在端面很小的情況下也成立就可以了。也就是說，源頭到端面所張開的角度很小，實際上是一個無限小的角度。在圖4-6，我們畫一個表面 S，它的「側面」是在徑向上，而「端面」有點傾斜。在圖上的端面不是很小，但是你要把它想像成是非常小的情形。此時場 E 在端面上近乎是均勻的，所以我們可以用它中心點的值。當端面有 θ 角度的傾斜時，其面積增加為 $1/\cos \theta$ 倍。但是 E 的表面法向分量 E_n 卻變小了，變成 $\cos \theta$ 倍。因此 $E_n \, \Delta a$ 這個乘積沒有改變，流出整個表面 S 的通量還是零。

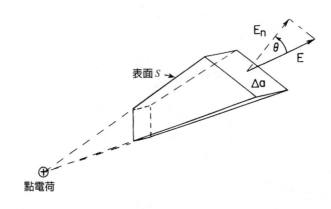

<u>圖4-6</u> 流出表面 S 的 E 通量為零

現在我們很容易就可看出來，由**任何**表面 S 所包圍的體積流出來的通量，一定會等於零。任何體積都可以想像成是由許多如圖4-6的小體積組合而成的。其表面可以完全分成許多成對的端面，通量由一個端面進入，而由另一個端面流出，因此成對的互相抵消，流出表面的總通量會等於零。以上的想法，我們在圖4-7中加以說明。我們得到一個非常一般性的結果，即一個點電荷所產生的電場中，流出任何表面 S 的 E 通量等於零。

但你要注意！我們的證明是當電荷**不被表面 S 所包圍**時才能成立。當點電荷是**被包圍在表面 S 裡面**時會如何呢？我們以點電荷為起點，畫出方向相反的輻射線，和表面 S 相交於點電荷的兩側，如此我們可以將表面 S 分成為許多成對的面的組合，這些成對的面是由輻射線與 S 的交點所形成的面，如圖4-8所示。流通過成對的兩個面的通量仍然相等，由我們上面相同的論證可以證明，但是現在的兩個通量有**相同的**正負號。因此，通過**包圍**電荷的表面的通量，**並不**等於零。那通量等於多少呢？我們可以用個小技巧來找答案。

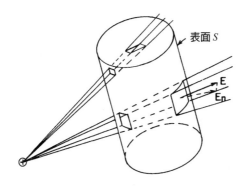

圖4-7 任何體積可以想像成完全由許多兩端被截斷的極小錐體組合而成。E 的通量由每一個錐體的其中一個端面進入，而由另一個端面流出，流入的通量等於流出的通量。流出表面 S 的總通量因此等於零。

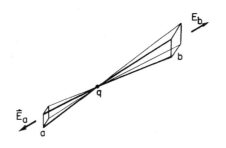

圖4-8 假如一個電荷是被包圍在一個表面內，則流出此表面的通量不等於零。

　　我們可以用一個小表面 S' 將電荷完全包圍，而 S' 則完全在 S 裡面，如此就像是由 S「內部」將點電荷「移出」去，如圖4-9所示。現在，包圍在 S 和 S' 之間的體積不再含有電荷，因此，用和上面相同的論證，可知由此體積流出的通量（含通過 S' 者）為零。這

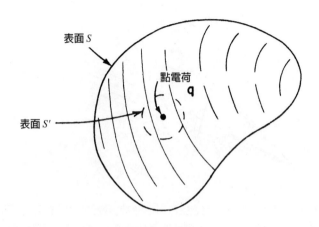

圖4-9　通過 S 的通量與通過 S' 的通量相等

個論證告訴我們，由 S' 流入這個體積的通量等於由 S 流出的通量。

表面 S' 的形狀並無限制，我們可以選我們想要的形狀，所以我們就選以點電荷爲中心點的球的表面，如圖4-10所示。如此我們很容易可以算出通過它的通量。假設小球的半徑是 r，則球面上每一點的 E 值都爲

$$\frac{1}{4\pi\epsilon_0}\frac{q}{r^2}$$

而方向則都垂直於表面。我們將上式 E 的法向分量乘以表面積，就得到通過 S' 的總通量

$$\text{通過表面 } S' \text{ 的通量} = \left(\frac{1}{4\pi\epsilon_0}\frac{q}{r^2}\right)(4\pi r^2) = \frac{q}{\epsilon_0} \tag{4.31}$$

上式竟然與球的半徑無關！我們因此知道流出 S 的總通量爲 q/ϵ_0 ——這個值和 S 的形狀無關，但是電荷 q 必須被包在 S 裡面。

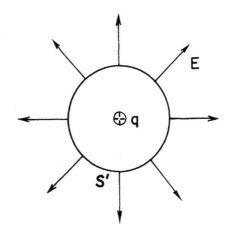

圖4-10 通過含有點電荷 q 的球表面的通量為 q/ϵ_0

我們可以把我們的結論歸納成下式：

$$
\int\limits_{\text{任何表面 } S} E_n \, da = \begin{cases} 0; & q \text{ 在 } S \text{ 外} \\ \dfrac{q}{\epsilon_0}; & q \text{ 在 } S \text{ 內} \end{cases} \tag{4.32}
$$

讓我們再回到「子彈」的比喻，看看這種說法是否恰當。我們的定理說，假如表面所包圍的內部，不含有發出子彈的槍，則穿過表面的子彈淨流量爲零。假如槍是在表面內部，則不管表面的大小和形狀，則穿過表面的子彈數目都相同－－這個數目是由槍隻射出子彈的速率來決定。因爲子彈數是守恆的，所以這種說法很合理。但是，這個模型除了讓我們可以得到 (4.32) 式外，還讓我們得到別的知識嗎？除了這個定律外，沒有人成功的用「子彈」模型得出其他東西來，而且還可能得到錯誤的結果。因此，我們比較喜歡用較抽象的觀念來描述電磁場。

4-6　高斯定律；E 的散度

我們的成果很好，我們用單一點電荷，證明了 (4.32) 式。現在我們假設有兩個點電荷，q_1 在空間某一點，q_2 在另外一點。問題看起來比較困難。在積分求通量時，會用到電場的法向分量，而現在的電場是由兩個電荷所產生的總電場。這就是說，如果 E_1 是 q_1 單獨存在時的電場，而 E_2 是 q_2 單獨存在時的電場，則總電場為 $E = E_1 + E_2$。通過任何表面 S 的通量為

$$\int_S (E_{1n} + E_{2n})\, da = \int_S E_{1n}\, da + \int_S E_{2n}\, da \qquad (4.33)$$

兩個電荷存在時的通量，是單獨一個電荷產生的通量，加上另外一個電荷產生的通量。假如兩個電荷都在 S 外，則通過 S 的通量為零。假如 q_1 在 S 內，而 q_2 在 S 外，則上式第一個積分是 q_1/ϵ_0，而第二個積分等於零。假如表面把兩個電荷都包含在裡面，則兩個積分都有貢獻，通量的值為 $(q_1 + q_2)/\epsilon_0$。由此我們很清楚的得知一般性的法則是，流出一個閉合面的總通量，等於被包圍在**表面內**的總電荷量除以 ϵ_0。

我們的結果是靜電場的重要而應用廣泛的定律，叫做高斯定律（Gauss' law）。

高斯定律：

$$\int_{\text{任何閉合面} S} E_n\, da = \frac{\text{表面內電荷總和}}{\epsilon_0} \qquad (4.34)$$

或者

$$\int_{\text{任何閉合面}S} \boldsymbol{E} \cdot \boldsymbol{n} \, da = \frac{Q_{\text{int}}}{\epsilon_0} \tag{4.35}$$

其中

$$Q_{\text{int}} = \sum_{\text{在}S\text{內}} q_i \tag{4.36}$$

假如我們用電荷密度 ρ 來描述電荷的位置，可以假設每一個無限小的體積 dV 內有一個「點」電荷 $\rho \, dV$。求電荷的總和變成是一個積分式

$$Q_{\text{int}} = \int_{\substack{S\text{內} \\ \text{的體積}}} \rho \, dV \tag{4.37}$$

從我們的推導過程中，可以看出高斯定律的成立，是因為庫侖定律是和距離 r 的平方成反比而來的。如果場和 $1/r^3$ 成正比，或者和 $1/r^n$ 成正比（$n \neq 2$），則無法導出高斯定律。所以高斯定律只是用另一種形式，來表示庫侖定律的兩個電荷之間的力。事實上，你可以由高斯定律反推導出庫侖定律。所以這兩個定律是相等的，只是我們必須記住，兩電荷之間的力的方向是在兩者的連線上。

現在，我們想用微分的形式寫出高斯定律。我們應用高斯定律到一個非常小的立方體表面。我們在第 3 章證明了，流出該立方體的 $\boldsymbol{E}$ 通量，是 $\boldsymbol{\nabla} \cdot \boldsymbol{E}$ 乘以立方體的體積 dV。由 ρ 的定義，在 dV 內的電荷量為 $\rho \, dV$，所以由高斯定律得

$$\boldsymbol{\nabla} \cdot \boldsymbol{E} \, dV = \frac{\rho \, dV}{\epsilon_0}$$

即

$$\mathbf{\nabla} \cdot \boldsymbol{E} = \frac{\rho}{\epsilon_0} \tag{4.38}$$

高斯定律的微分形式,是我們前面提到的靜電場基本方程式的第一個式子,即 (4.5) 式。現在我們已經證明了,靜電場的兩個方程式 (4.5)式和 (4.6) 式就等於是庫侖定律的力的公式。我們現在要考慮一個利用高斯定律的例子。(將來我們會有更多的例子。)

4-7 帶電球的電場

我們在學習重力的吸引力時,遇到困難的問題之一是,如何去證明由物質組成的實心球,其球表面所產生的力,等於物質完全聚集在其中心點時所產生的力。牛頓在發現重力時,有好幾年不敢將其理論發表,因為他不能確定上述定理是否正確。我們在第 I 卷第 13 章,用積分的方法求出位能,再用梯度求出重力。我們現在可以用最簡單的方法來證明此定理。不過,我們現在要證明的是一個均勻帶電球的定理。(因為靜電定律與重力定律相同,相同的證明可以用到重力場。)

我們要問:在一個電荷均勻分布的帶電球,其球面外任何一點 P 的電場 $\boldsymbol{E}$ 等於什麼?因為並沒有任何「特別」的方向,我們可以假設任何一點上 $\boldsymbol{E}$ 的方向是由球心直接往外放射出來。我們考慮一個假想的表面,這是一個球面且和帶電球有共同的球心,這個表面並通過點 P(圖 4-11)。流出此表面的通量為

$$\int E_n \, da = E \cdot 4\pi R^2$$

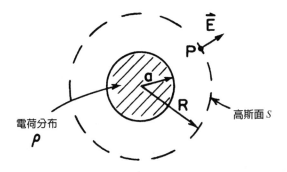

<u>圖4-11</u>　利用高斯定律，求電荷均勻分布的帶電球的電場。

高斯定律告訴我們，此通量等於帶電球的總電荷量 Q（除以ϵ_0）

$$E \cdot 4\pi R^2 = \frac{Q}{\epsilon_0}$$

即

$$E = \frac{1}{4\pi\epsilon_0} \frac{Q}{R^2} \qquad (4.39)$$

這個式子與如果是點電荷 Q 的情況相同。我們用比積分簡單許多的方法證明了牛頓的問題。當然這只是表面上簡單而已──因為你已經花了不少時間去瞭解高斯定律，所以你可能覺得並沒有真正節省時間。但是當你常用這個定理，你就覺得很值得，因為它有效率多了。

4-8 場線；等位面

　　我們現在想要用幾何的觀念來描述靜電場。靜電學的兩個定律，一個是通量與表面內電荷量成正比，另一個是電場即電位的梯度都可以用幾何來表示。我們用兩個例子來說明。

首先，我們考慮點電荷產生的電場。我們畫出場方向的線——這些線一直保持在場的切線方向上，如圖 4-12。這些線叫做**場線**，標示出每一個地方電場向量的方向。但是我們也希望表示出向量的大小。我們可以規定電場的強度是由這些線的「密度」來表示。線的密度的意義是，取一表面垂直於這些線，計算穿過此表面每單位面積的線的數目。從以上兩個規則，我們可以得到電場的圖像。

對一個點電荷來講，場線的密度必須依 $1/r^2$ 而遞減。但是與場線垂直、半徑為 r 的球面積，則依 r^2 而**增加**，所以**不論與點電荷的距離為多少**，我們都有固定**數目**的場線，於是線的**密度**將與場的大

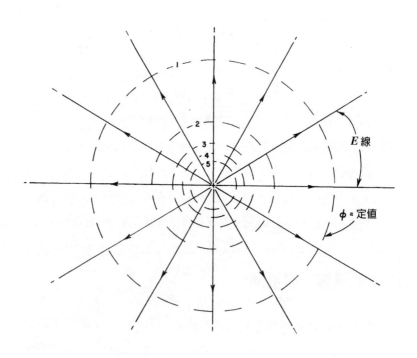

圖 4-12　一個正電荷的場線與等位面

小成正比。假如我們堅持場線是**連續的**——即一旦場線從點電荷出發，會不停的往外延伸，則我們可以保證在任何距離時，場線的數目都一樣。用場線的觀念，高斯定律說，場線只始於正電荷，而終於負電荷。**離開**電荷 q 的場線數目必定等於 q/ϵ_0。

對於電位 ϕ，我們現在也可以找到類似的幾何圖形。表示電位最容易的方法是畫出定值 ϕ 的面。我們叫這些面爲**等位**面（equipotential surface）——即電位相等的面。現在我們要問，等位面與場線有什麼樣的幾何關係？電場是電位的梯度。梯度的方向則是在電位改變最快的方向，因此和等位面垂直。假如 E 和等位面**不**垂直，那麼 E 在等位面會有分量。因此等位面上的電位會有變化，所以就不能是等位面，所以等位面上的任何一點，都必須和電場線垂直。

對於單獨存在的點電荷，其等位面是以電荷爲球心的球面。我們在圖 4-12 畫出這些球面和通過電荷的一個平面的相交圖。

第二個例子，我們考慮兩個大小相等，但是一正一負的點電荷的電場。這並不難。總電場是正、負點電荷各自產生的電場的疊加。所以，我們把兩個如圖 4-12 的圖疊加起來——但是這是不可能的事！我們會有場線相交的情形，這是不可能的事，因爲在同一點的 E 不能有**兩個**不同的方向。所以現在很清楚，畫場線的圖有它的缺陷。由幾何的論點，我們無法簡單的分析出新的場線應該往哪一個方向走。由兩個獨立的圖，我們無法得到兩者合在一起的圖。疊加原理是關於電場的簡單而有深度的原理，但是卻無法用場線圖簡單的表現出來。

然而，場線圖還是有其用處，我們還是要將有兩個大小相等、但電性相反的點電荷的場線圖畫出來。假如我們用 (4.13) 式計算出電場，用 (4.23) 式計算出電位，我們可以畫出場線與等位面，結果如圖 4-13 所示。但是我們必須先用數學解出答案！

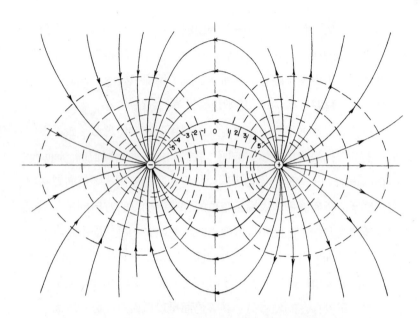

<u>圖 4-13</u>　兩個大小相等、一正一負的點電荷所產生的場線與等位面。

表 4-1　單位的提示

量	單位
F	牛頓
Q	庫侖
L	公尺
W	焦耳
$\rho \sim Q/L^3$	庫侖／公尺^3
$1/\epsilon_0 \sim FL^2/Q^2$	牛頓・公尺^2／庫侖^2
$E \sim F/Q$	牛頓／庫侖
$\phi \sim W/Q$	焦耳／庫侖＝伏特
$E \sim \phi/L$	伏特／公尺
$1/\epsilon_0 \sim EL^2/Q$	伏特・公尺／庫侖

第5章
高斯定律的應用

5-1 靜電學是高斯定律加上⋯⋯

靜電學有兩個定律：從一個物體流出來的電場通量與物體內的電荷量成正比 —— 高斯定律；以及電場的環流量等於零 —— E 是一種梯度。從這兩個定律，我們能夠得到靜電學可以導出的所有預測。但是將上面的道理用數學語言說出來是一回事，而能夠用一些技巧的來輕鬆運用，則是另外一回事。

在這一章，我們將做一些計算，這些計算可以利用高斯定律直接得到答案。我們將證明一些定理，並描述一些很容易用高斯定律來瞭解的效應，尤其是關於導體的。但是，我們沒有辦法只用高斯定律，就得到任何問題的答案，因為還有別的定律需要遵守。所以，當我們用高斯定律去解特定問題時，必須加上一些其他的東西。好比說，我們必須預先假設場的形狀如何，例如用對稱的論點；或者，我們必須具體引進電場是電位梯度的觀念。

5-2 靜電場中的平衡

首先我們考慮以下的問題：在何種情況下，一個點電荷可以在其他電荷所產生的電場中，達到穩定的力學平衡？舉一個例子，想像三個負電荷放在水平面上正三角形的三個頂點。假如三角形的中心點放有一個正電荷，這個正電荷是否會停在那一個位置上？（為了簡單起見，我們可以先不考慮重力的影響，雖然把重力考慮進來，並不影響結果。）作用於正電荷的總力等於零，但是這個平衡是穩定的嗎？當正電荷被推開一點點時，會回到它原來的位置上嗎？答案是否定的。

在**任何**靜電場中，找**不**到一個點可以有穩定平衡的——除了跟其他電荷疊在一起的那一點。利用高斯定律，我們很容易瞭解爲何如此。首先，我們知道，一個電荷要在某一點 P_0 達到平衡，該一點的電場必須等於零。其次，假如平衡是穩定的，那麼不論我們把電荷由 P_0 往**任何**方向移動，都必定有和移動方向相反的回復力存在。附近**所有**點上的電場都必須往內——即指向 P_0 點。但是，假如 P_0 點沒有電荷存在，那麼這是違反高斯定律的，我們可以很容易瞭解。

我們考慮一個想像的很小的閉合面，該面包圍 P_0，如圖 5-1 所示。假如 P_0 點附近任何地方的電場都指向 P_0，則垂直於面的電場法向分量的表面積分，當然不會等於零。如同圖中所示的情況，通過表面的通量是一個負值。但是高斯定律告訴我們，通過任何閉合面的電場通量與閉合面內的電荷量成正比。假如在 P_0 沒有電荷存在，那麼我們想像的電場就違反了高斯定律。所以在空無一物的空間，也就是沒有負電荷存在的空間，無法使一個正電荷平衡。一個正電荷是**可以**有穩定平衡，假如它是放在有負電荷分布的空間裡面。當然，這些負電荷必須由非電磁力使它們的位置固定不動！

包圍 P_0 的假想表面

圖 5-1　假如在 P_0 放一個正電荷可以形成穩定平衡，那麼附近任何點上的電場都必須指向 P_0。

我們上面的結果，是用一個點電荷而得到的結果。假如有許多電荷集合在一起，形成複雜的分布，但相對位置固定，例如在棒子上，上述的結果是否還成立？我們考慮有兩個相等的電荷，固定在一根棒子上的問題。這樣子的電荷分布是否可能在某種靜電場中達到平衡？答案還是否定的。作用於此棒子的**總力**，沒有回復力的存在，可以使棒子在任何方向產生位移時，又會被拉回。

我們把作用於棒子上任何一點的總力叫做 F —— F 因此是一個向量場。採用與上面相同的論證，我們得到以下的結論：在穩定平衡的點上，F 的散度必須是負值。但是，作用於棒子的總力為，第一個電荷乘以其位置上的電場，加上第二個電荷乘以其位置上的電場：

$$F = q_1 E_1 + q_2 E_2 \tag{5.1}$$

F 的散度為

$$\nabla \cdot F = q_1 (\nabla \cdot E_1) + q_2 (\nabla \cdot E_2)$$

假如 q_1 和 q_2 都在眞空中，則 $\nabla \cdot E_1$ 和 $\nabla \cdot E_2$ 都等於零，所以 $\nabla \cdot F$ 等於零——不是平衡所需要的負值。將此論證推廣，你很容易明白，不論有多少個位置固定的電荷的組合，它們放在眞空中所產生的靜電場，都無法找到一個穩定平衡的位置。

但是我們並沒有證明，當有支點或者有力學上的限制時，平衡還是無法存在。舉例說明，考慮一個中空的管子，一個電荷在管中可以自由前後移動，卻不能往旁邊的方向移動。現在我們很容易設計出一個電場，在管子左右兩端，電場都是向著管子中央的方向，而在管子中心點附近，電場則是朝著管壁、也就是往外的方向。我們只要在管子兩端外各放一個正電荷，如圖 5-2 所示即可。現在我

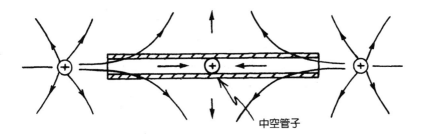

中空管子

<u>圖5-2</u>　假如有力學上的限制時，一個電荷可以形成穩定平衡。

們可以有一個平衡點，雖然 E 的散度爲零。當然，如果不是有管壁的「非電」力限制，電荷就會往旁邊方向的移動，也就不是穩定的平衡了。

5-3 與導體的平衡

　　由位置固定的數個點電荷所產生的電場中，找不到一個穩定的點。那假如這些電荷是在導體中呢？在由幾個帶電導體所產生的電場中，是否可以找到一點，讓一個點電荷達到穩定平衡呢？（我們當然是指不在導體上的點。）你知道，導體的特性是，電荷可以在其中自由移動。當點電荷稍微移動時，或許導體中的電荷也會移動，而產生點電荷的回復力？答案仍然是否定的──雖然我們剛剛給的證明並沒有說明這一點。這種情形的證明，稍微困難一點，我們只提示一下如何去思考。

　　首先我們必須注意，導體中的電荷會重新分布，是因爲電荷的移動會使它們的位能減少。（電荷在導體中移動時，有一部分能量會變成熱而損失。）我們已經證明過了，如果某一些電荷產生的電

場是**穩定的**，則在場中任何零點 P_0 附近，移動一個點電荷朝某個方向離開 P_0 時，會使系統的能量**減少**（因爲力是往**離開** P_0 的方向）。導體中任何電荷的重新分布，只會使位能更進一步減少，所以（由於虛功原理，）電荷的重新分布，只會**加大**點電荷離開 P_0 的力，而不是使它反向。

我們的結論並不是說，我們不可能利用電力使一個點電荷平衡。假如我們用適當的裝置，來控制產生電場的電荷的位置或大小，那麼利用電力使一個點電荷平衡是可能的。你知道，讓一根棒子在重力場中，用一端站立起來是不穩定的，但是這並沒有證明棒子無法在手指尖上平衡。同理，我們可以用電場將一個點電荷約束在一點，假如電場是**可變的**。但是對一個被動的，也就是**靜態的**系統，則無法達到此目的。

5-4 原子的穩性

假如電荷不能穩定的約束在一個位置上，我們當然可以很確定說，物質不可能由只遵守靜電學定律的靜態**點**電荷（電子和質子）所組成。這種靜態組態是不可能存在的，因爲它會崩陷！

早期有人提議，認爲原子的正電荷是均勻的分布成一個球，而帶負電的電子則可以在正電荷中靜止不動，如圖 5-3 所示。這是第一個原子模型，是由湯姆森（J. J. Thomson, 1856-1940）所提議的。

但是，拉塞福（Ernest Rutherford）根據蓋革（Hans Geiger）和馬士登（Ernest Marsden）的實驗結果，卻提出正電荷必須非常集中的結論，這些集中在一起的正電荷，拉塞福把它叫做原子核。湯姆森的靜態模型必須摒棄。拉塞福與波耳（Niels Bohr）主張，原子的平衡是動態的，電子繞著軌道而行，如圖 5-4 所示。電子由於在軌道

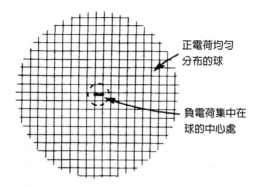

正電荷均勻
分布的球

負電荷集中在
球的中心處

圖5-3　湯姆森的原子模型

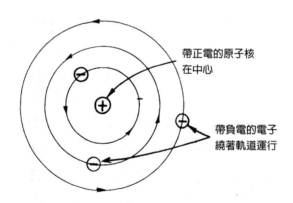

帶正電的原子核
在中心

帶負電的電子
繞著軌道運行

圖5-4　拉塞福—波耳的原子模型

上運動，而不至於掉到原子核內。我們已經知道，這種原子圖像至
少會遇到一個困難。電子的運動，使它處於加速度的情況中（因爲
是做圓週運動），因此會輻射出能量。於是，電子將逐漸損失動
能，軌道半徑逐漸縮小，終究會掉入原子核中。因此，這也是不穩

定的情況！

　　現在，我們用量子力學來解釋原子的穩性。靜電力會拉著電子盡可能的靠近原子核，但是測不準原理使電子必須在空間中一定的大小內散開來。假如電子局限在太小的空間裡，它將會有很大的不確定動量。這表示，電子將會有很高的能量，將因此可能掙脫靜電力的束縛而脫離。最終的結果，這個新原子模型的電平衡和湯姆森所提議的模型相去不遠——只是現在散在原子外圍的是**負**電荷（因爲電子的質量比質子的質量小很多）。

5-5　線電荷的電場

　　高斯定律可以用來解決一些含有特別對稱性質的靜電場——通常是球對稱、柱對稱、或者平面對稱。這一章的剩餘部分，我們將利用高斯定律去解一些對稱的問題。我們在解這些問題時，會發現用這個方法很容易得到答案，而誤以爲這種方法非常有用，可以推廣到許多其他的問題。但是非常遺憾的，情況並不是如此。我們很快就能夠把可以用高斯定律容易解決的問題完全列出來。在以後的幾章，我們將發展出一些更有用的方法，來探討靜電學的問題。

　　我們的第一個例子，是有柱對稱的系統。假如我們有一根很長、且電荷均匀分布的棒子。也就是說，我們在一條沒有長度限制的直線上，有均匀分布的電荷，每單位長度的電荷量爲 λ。我們希望知道電場。

　　當然，我們可以把直線上每一部分電荷對電場的貢獻做積分，而得到答案。但是我們不用積分，而是用高斯定律加上一些猜測來求出答案。首先我們猜測，電場的方向是由直線往外的徑向上。電荷產生的某一邊的軸向分量，將會被另外一邊的軸向分量抵消掉。

結果就是說，電場是徑向的場。另外一個合理的假設是，所有和直線有相同距離的點，其電場的大小相等。這是很明顯的。（要證明或許不容易，但是這是成立的，假如空間是對稱的——我們一直都這麼認為。）

我們用以下的方式，來運用高斯定律。**想像**一個以帶電荷直線為軸的圓柱面，如圖5-5所示。高斯定律告訴我們，流出此表面的 **E** 總通量，等於表面內總電荷量除以 ϵ_0。假設電場與表面垂直，所以切向分量就等於電場的大小，我們叫它為 E。又取圓柱的半徑為 r，並且為方便起見，取圓柱的長度為一個單位。流出圓柱面的通量等於 E 乘以表面積 $2\pi r$。通過兩個端面的通量等於零，因為電場和端面平行。由於圓柱內的軸長為一個單位，所以表面內的總電荷量為 λ。由高斯定律得

$$E \cdot 2\pi r = \lambda/\epsilon_0$$
$$E = \frac{\lambda}{2\pi\epsilon_0 r} \tag{5.2}$$

因此，由線電荷產生的電場，與到直線的垂直距離的一次方成反比。

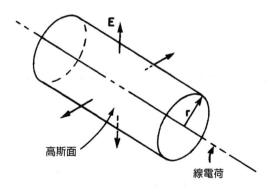

圖5-5　以線電荷為軸的圓柱高斯面

5-6 一片帶電板；兩片帶電板

　　另外一個例子，我們要算有電荷均勻分布的一平面所產生的電場。假設平面延伸到無窮遠，而每單位面積的電荷量爲 σ。我們又要做一項猜測。考慮到對稱性的問題，我們相信任何位置的電場都和平面垂直，而且**如果世界上沒有其他電荷產生的電場存在的話**，平面兩邊的電場（大小）應該相等。這次我們取的高斯面是一個穿過平面的長立方體盒子，如圖 5-6 所示。

　　盒子與平面平行的兩個面，有相同的面積 A。電場與這兩個面垂直，而和盒子其他四個面平行。通過盒子表面的總通量爲，E 乘以第一個面的面積，加上 E 乘以相對另一面的面積——而其他四個面則沒有貢獻。盒子內的總電荷量爲 σA。通量等於裡面的總電荷量，我們得到

$$EA + EA = \frac{\sigma A}{\epsilon_0}$$

由這個式子得到

$$E = \frac{\sigma}{2\epsilon_0} \tag{5.3}$$

這是一個簡單卻很重要的結果。

　　你可能記得在前面的章節中，我們曾經用到將整個面做積分的方法，求得相同的結果。在這裡，高斯定律讓我們很快就得到答案（雖然這個方法不像前面的方法，可以廣泛的應用）。

　　我們強調，上面的結果**只**適用於一個平面上的電荷所產生的電場。假如附近還有其他的電荷，則總電場等於 (5.3) 加上別的電荷產生的電場。高斯定律只告訴我們

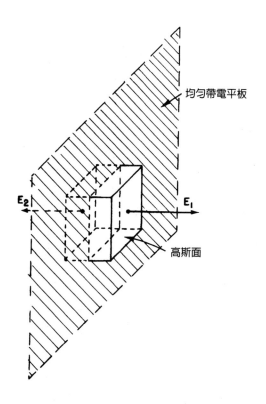

均勻帶電平板

E_2　　　E_1

高斯面

圖5-6　一均勻帶電平板產生的電場，可以把高斯定律應用於一個假想面而求得。

$$E_1 + E_2 = \frac{\sigma}{\epsilon_0} \qquad (5.4)$$

其中，E_1 和 E_2 分別是帶電平面的兩個面的向外電場。

　　兩片互相平行的平面，電荷密度（$+\sigma$ 和 $-\sigma$）的大小相等、電性相反，這樣的問題也一樣很簡單，假如我們假設外面的世界是相當對稱的。我們可以將兩片平面各自產生的電場相加，或者建構一個高斯盒，包含這兩片帶電平面。我們很容易可以看出，兩個平面

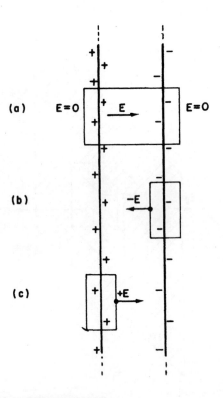

圖 5-7　兩片帶電平面之間的電場是 σ/ϵ_0。

外的電場等於零（圖 5-7(a)）。假如盒子只包含一個（或是另外一個）平面，如圖中的 (b) 或 (c)，我們可以看出，兩個帶電平面之間的電場，必定是只有一帶電平面時的兩倍。其結果爲

$$E \text{（兩平面之間）} = \sigma/\epsilon_0 \qquad (5.5)$$

$$E \text{（外面）} \quad = 0 \qquad (5.6)$$

5-7 帶電球；球殼

　　我們已經（在第4章）利用過高斯定律，求電荷均勻分布的帶電球外的電場。同樣的方法，也可以用來求球**內**某一點的電場。例如，這種計算方法可以得到原子核內電場的很好近似。雖然原子核內的質子會互相排斥，但是強核力使得質子在原子核內大致成均勻的分布。

　　假設我們有一個半徑爲 R 的球，均勻的填滿了電荷。每單位體積的電荷量用 ρ 來表示。我們再一次用對稱的論點，假設電場的方向都在徑向，而與球心有相同距離的各點，電場的大小都相同。爲了求得與球心距離爲 r 的電場，我們取一個半徑爲 r（$r < R$）的高斯面，如圖 5-8 所示。通過此面的通量是

$$4\pi r^2 E$$

高斯面內的電荷量是體積乘以 ρ，即

$$\tfrac{4}{3}\pi r^3 \rho$$

用高斯定律，我們得到電場的大小爲

$$E = \frac{\rho r}{3\epsilon_0} \qquad (r < R) \tag{5.7}$$

你可以看出，當 $r = R$ 時，這個式子得到正確的結果。電場與半徑成正比，方向則是徑向往外。

　　我們剛才用來求一個均勻帶電球的電場的論點，可以應用到一個帶電的中空薄球殼。假設任何一點的電場都在徑向上，且是球對稱的，我們很快就得到，球殼外的電場和點電荷的電場相同，而在

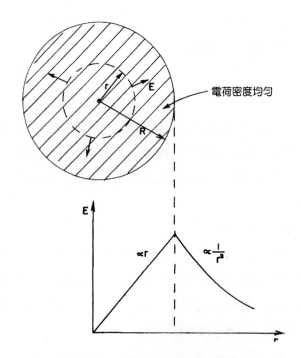

<u>圖5-8</u>　高斯定律可以用來求一個均勻帶電球內的電場

球殼內任何一點上，電場都等於零。（在球殼內的任何高斯面，都不含有電荷。）

5-8　點電荷的電場是否完全符合 $1/r^2$ 的關係？

假如我們更仔細的看看，球殼內的電場怎麼會等於零，那麼我們就可以更清楚的瞭解，高斯定律之所以成立，完全是由於庫侖力完全與距離平方成反比。考慮均勻帶電的球殼內的任何一點 P，想像一個以 P 為頂點的很小錐體，延伸到球面並切到球面的一片小面

積 Δa_1，如圖 5-9 所示。這個錐體反向延伸，則切到在 P 另一邊的球面，面積爲 Δa_2。假如 P 點到這兩片小面積的距離分別爲 r_1 和 r_2，則此兩面積的比爲

$$\frac{\Delta a_2}{\Delta a_1} = \frac{r_2^2}{r_1^2}$$

（你可以用幾何證明，上式對任何在球內的 P 都成立。）

　　假如球面的電荷均勻分布，則在小面積上的電荷量 Δq 與其面積成正比，因此

$$\frac{\Delta q_2}{\Delta q_1} = \frac{\Delta a_2}{\Delta a_1}$$

庫侖定律告訴我們，這兩片小面積在 P 產生的電場的大小之比爲

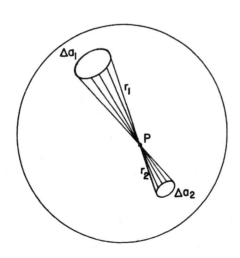

圖 5-9　帶電荷球殼內任何一點的電場等於零

$$\frac{E_2}{E_1} = \frac{\Delta q_2 / r_2^2}{\Delta q_1 / r_1^2} = 1$$

這兩個電場正好完全互相抵消掉了。因爲球面上的全部面積，都可以像上面一樣，分成許多相對的、電場會互相抵消的兩個面，所以 P 的總電場等於零。但是你可以看出來，假如庫侖定律中，r 的指數不是剛好等於 2，則結果就不會是這樣的了。

高斯定律的成立，是由於庫侖定律與距離的平方成反比而來。假如力的定律不是剛好和距離平方成反比，則在均勻帶電球殼內的電場，不會剛好等於零。舉例來說，假如力的變化更快一點，例如和距離 r 的立方成反比，則比較靠近內部一點的面所產生的電場，要比遠一點的面所產生的電場來得大，所以對於帶正電的球殼來說，其內部一點的電場，是在往內的徑向方向上。這些結論，提示了我們一個巧妙的方法，可以用來測試與距離平方成反比的定律是否完全正確。我們只要測量在均勻帶電球殼內的電場，是否正好等於零就可以了。

很幸運的，有一個測量的方法存在。通常來說，要很精確的測量一個物理量，是很困難的——誤差在百分之一，也許不太困難，但是如果要測量庫侖定律到十億分之一的準確度，困難度如何？我們幾乎可以很肯定的說，用目前所擁有的最好技術，去測量兩個帶電物體之間的**力**，要達到如此的準確度是不可能的。然而，只要測量到在一個帶電球殼內的電場**小於**某一個值，我們就可以很精確的知道高斯定律的正確性，也因此可以知道庫侖定律與距離平方成反比的準確度。實際上，我們是把力的定律，和理想的平方反比律來比較。將相等或幾乎相等的幾個量做**比較**，通常是最精準物理測量的基礎。

我們如何去觀測帶電球殼內的電場？有一個方法是，用一個物

體去接觸一個導體球殼的內部，使該物體充電。你們都知道，當一顆小金屬球和一個帶電物體接觸後，再將小球和靜電計接觸，靜電計將帶電，指針會偏離零點（圖 5-10(a)）。小球會帶電，是因為帶電物體外會有電場，使電荷會流進（或流出）小球。假如你做相同的實驗，讓小球接觸帶電球殼的**內部**，你會發現，小球再接觸靜電計時，靜電計不會帶電。從這個實驗，你很容易證明球殼內的電

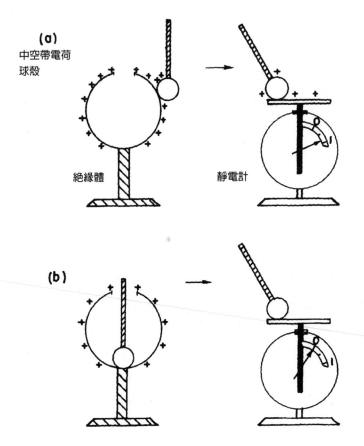

圖 5-10 在一個閉合的導體球殼中，電場等於零。

場，最多只是殼外的百分之幾而已，因此高斯定律至少是很近似正確。

富蘭克林（Benjamin Franklin）看來是第一個注意到導體球殼內的電場等於零的人，他覺得這個結果很奇怪。他把自己觀測到的這個結果告訴普利斯特理（Joseph Priestley）時，普利斯特理提議說，這可能跟與平方反比律有關，因為當時就知道中空的球殼內沒有重力場。但是，庫侖在十八年後才測量出平方反比的關係，而高斯定律則是更後來才有的。

高斯定律曾經過很仔細的測試，方法是，將靜電計放進很大的帶電球殼中，並且將球殼充電，使球殼帶有很高的電壓，然後看看靜電計的指針是否有任何偏離零點的跡象。經過許多的實驗，結果都沒有看到指針偏離。在知道裝置的幾何形狀以及靜電計靈敏度的情況下，能夠計算出可觀測到的最低電場。從這個數字的結果，可以得出指數偏離 2 的上限。假如我們將靜電力與距離的關係寫為 $r^{-2+\epsilon}$，我們可以給 ϵ 一個上限值。用這個方法，馬克士威量測出 ϵ 的值小於 1/10,000。在 1936 年，普林普頓（S. J. Plimpton）和勞頓（W. E. Lawton）兩人重做並改進這個實驗，他們發現，庫侖定律的指數偏離 2 的程度不到十億分之一。

以上的結果引出一個有趣的問題：在不同的環境下，庫侖定律是否還會如此準確？以上我們所述的實驗，是量測距離為幾十公分時的電場與距離的關係。但是當距離是在一個原子內時，例如在氫原子裡面，我們是否還相信，電子被原子核用相同的平方反比律所吸引住？雖然原子行為的力學需要用量子力學來描述，但是這個力是一般的靜電力。表述這個問題時，電子的位能必須是電子與原子核距離的已知函數，而由庫侖定律導出來的位能，與距離的一次方成反比。在如此小的距離下，已知的指數值有多準確呢？1947

年，蘭姆（Willis Lamb）和雷澤福（Robert Retherford）對氫原子一些能階的相對位置做非常仔細的測量，所得的結論是，在原子的尺度時——即距離的數量級在 1 埃（10^{-8} 公分）時，指數的準確度仍然是十億分之一。

蘭姆與雷澤福測量的準確度，仍然有可能是由於物理的「巧合」。我們預期氫原子的兩個狀態會有幾乎完全相等的能量，**只有**當位能的變化剛好是 $1/r$ 時才可能。從測量氫原子的發射或吸收光子的頻率 ω，並用能量差 $\Delta E = \hbar\omega$ 可以找出有非常小的能量**差別**。由計算可以證明，假如力的定律 $1/r^2$ 中的指數與 2 相差在十億分之一時，ΔE 會跟觀測到的值有顯著的差異。

在更短的距離時，這個指數值是否仍然正確呢？從核物理的測量，發現在典型的原子核距離——大約 10^{-13} 公分，仍然有靜電力存在，而它們的變化還是近似與距離平方成反比。在後面的某一章中，我們將會看到一些證據，在距離為 10^{-13} 公分時，至少在某種程度上，庫侖定律仍然成立。

當距離為 10^{-14} 公分時，情況如何呢？在這個範圍時，可以用非常高能量的電子來撞擊質子，並觀測它們如何散射。到目前為止，實驗的結果顯示，庫侖定律在這種距離時就不正確了。在距離小於 10^{-14} 公分時，靜電力好像減弱為十分之一。現在有兩種可能的解釋。一是庫侖定律在那麼短的距離中不管用了；另外一種解釋是，我們討論的物質，即電子和質子，並不是點電荷。也許，電子或質子，或者兩者都是如此，它們的電荷有一點分散。

大部分的物理學家比較傾向認為質子的電荷是分散的。我們現在知道質子和介子有很強的交互作用。這隱含著，質子有時會以一個 π^+ 介子圍繞著一個中子的型態存在。此種型態使得質子，平均而言，看起來像是一個帶正電的小球。我們知道，帶電實心球的電

場，在球心附近並不遵守 $1/r^2$ 的定律。質子的電荷很可能是分散的，但是 π 介子的理論仍然不完備，所以還是有可能是由於庫侖定律在那麼短的距離中不管用。這是一個還沒有定論的問題。

另外一個問題是：平方反比律在距離是 1 公尺時，和在 10^{-10} 公尺時都成立，但係數 $1/4\pi\epsilon_0$ 是否仍一樣？答案是「一樣」，至少準確度可以到百萬分之十五。

我們再回頭看看，剛剛討論用實驗的方法來證明高斯定律時，忽略掉的一個重要問題。你也許會覺得奇怪，除非馬克士威，或普林普頓與勞頓的實驗，所用的球殼導體是完美的球體，否則怎麼可能得到如此準確的結果。達到十億分之一的準確度，確實是了不起的事，而你可能會問，他們是否眞的可以做出那麼精確的球。我們可以很確定，眞實的球一定有一些輕微的不規則，而出現不規則的時候，球殼內不會有電場嗎？

我們現在想證明，實際上並不需要完美的球。事實上，我們可以證明，**任何**形狀的閉合導體球殼內，電場都等於零。換句話說，實驗上要證明 $1/r^2$ 關係的成立，與表面是否爲球形無關（只是用球形比較容易計算出，如果庫侖定律不對時，電場**會**如何），所以現在我們就來討論這個問題。要證明這個問題，我們必須知道電導體的一些性質。

5-9　導體的電場

電導體是含有很多「自由」電子的固體。這些電子可以在物質內自由移動，但是不能跑出表面。在一塊金屬裡面有非常多的自由電子，所以只要有電場存在，就可以使許多電子運動。假如有外界的能量來源，可以保持電子持續流動，或者電子會和產生電場的電

荷中和（放電），而使得電子的運動停止。在「靜電」的情形，我們不考慮連續的電流源（我們將在學習靜磁學的時候，討論這個主題），所以電子只會在瞬間運動，重新安排位置，等到導體內所有地方都沒有電場時，電子就不再動了。（通常這只需要比一秒鐘還短暫得多的時間。）假如還有任何電場存在的話，這個電場將再驅動一些電子運動，因此唯一的靜電解答是，導體內任何地方的電場都為零。

現在讓我們考慮一個帶電導體的**內部**。（「內部」的意思是指**金屬**本身。）因為金屬是導體，內部電場必須等於零，因此電位 ϕ 的梯度為零。這表示 ϕ 不會隨著位置不同而有改變。每一個導體都是等電位的**區域**，而它的表面是等電位面。因為在電導體內，任何地方的電場都等於零，因此 E 的散度等於零，而由高斯定律，導體**內部**的電荷密度必定等於零。

假如導體內不能有電荷，它們怎麼可能帶電呢？我們說「帶電」是什麼意思呢？電荷到底在哪裡？答案是，電荷會留在導體的表面上，那裡有很強的力，使電荷無法離開表面——電荷並不是完全的「自由」。當我們學習固態物理時，會發現任何導體中的多餘電荷，平均而言，都位於表面一到兩層原子內。對於我們目前的目的而言，以下的說法可以說是很精確的：假如有任何的電荷放在或放入一個導體，電荷都將聚在表面上，內部不會有電荷。

我們也注意到，**緊鄰**導體表面**外**一點點的地方，電場是垂直於表面的。電場不可能有切向分量。假如有切向分量，則電子會**沿著**表面移動；沒有任何力來阻止電子的移動。換句話說：我們知道，電場線永遠必須和等電位面垂直。

我們也可以用高斯定律，求取導體表面外的電場強度與表面上該處電荷密度的關係。我們可以取一個小圓柱形盒子，當作高斯

面，小圓柱形盒子一半在導體內、一半在導體外，如圖 5-11 所示。只有導體外的盒子對 **E** 的總通量有貢獻。因此，導體表面處的電場強度是

導體外：

$$E = \frac{\sigma}{\epsilon_0} \qquad (5.8)$$

其中，σ 是該處**局部**表面的電荷密度。

　　一片帶電的平板導體所產生的電場，與**只是**一片電荷的電場不一樣，為什麼會這樣？換句話說，為何 (5.8) 的電場是 (5.3) 的兩倍？理由是，對於導體，我們並**沒有**說，附近沒有「其他」電荷存在。

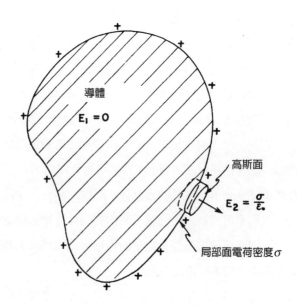

圖 5-11 緊鄰導體表面外的電場，與局部面電荷密度成正比。

實際上，一定還有其他電荷存在，使得導體內的 $E = 0$。如果表面上有一點 P，緊鄰在附近的電荷所產生的電場，實際上在導體內與導體外都是 $E_{local} = \sigma_{local}/2\epsilon_0$（local 指 P 點處）。但是，導體上其他的電荷「共謀」產生與 E_{local} 大小相等的另外一個電場。導體內總電場變成零，而導體外的電場則為 $2E_{local} = \sigma/\epsilon_0$。

5-10 導體空腔的電場

我們現在回到中空容器，也就是有空腔的導體的問題。在**金屬**內沒有電場，但是在空腔內如何呢？我們將證明，如果腔內是**空的**，則其中沒有電場，**不管導體或者空腔是哪一種形狀**，好比圖 5-12 所

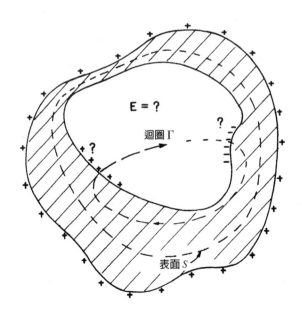

圖 5-12　任何形狀的導體內的空腔，電場等於多少？

示的形狀。

　　考慮一個高斯面,如圖 5-12 中的 S,它包圍了空腔,但是 S 全部都在導體內。S 的每一個地方都沒有電場,所以沒有任何通量通過 S,因此包含在 S 內的**總電荷**等於零。對於球殼來說,由對稱的論點,我們可以說裡面都**沒有**電荷。但是一般而言,我們只能說導體的內表面上,正電荷與負電荷的量剛好相等。有可能正電荷在某一個地方,而負電荷在另外一個地方,如圖 5-12 所示。高斯定律並不排除這種可能性。

　　當然,實際上假如有任何大小相等、電性相反的電荷在內表面上,則吸引力使這些電荷產生運動,而完全抵消掉。我們可以用 E 的環流量永遠等於零的定律(靜電場),來證明電荷的抵消是完全的。假如內表面的某一部分還有電荷,我們知道,在內表面別的地方一定還有大小相等、電性相反的電荷存在。任何 E 線都是從正電荷出發,而終於負電荷(因為我們只考慮空腔中沒有電荷存在的情形)。現在考慮一個線圈 Γ,由某一個正電荷出發,沿著一條場線穿過空腔,到達某一個負電荷,再經過導體內部回到出發點(如圖 5-12 所示)。沿著該條場線,從正電荷到負電荷的線積分不會等於零。而在金屬內的積分則會等於零,因為 $E = 0$。因此我們會得到

$$\oint E \cdot ds \neq 0???$$

但是在靜電場中,沿著任何閉合圈的線積分永遠等於零。所以在腔洞中不可能有電場存在,內表面也不可能有任何電荷存在。

　　你必須小心注意到,我們的論述有一個很重要的條件。我們一直談到的是「裡面是**空的**」腔。假如腔中的某處,**放有**一個位置固定的電荷 —— 放在一個絕緣體內,或者在與主導體絕緣的小導體上,這樣一來,腔中**會有**電場存在。但這樣就不是「空的」腔了。

　　我們證明了，假如一個空腔完全被一個導體所包圍，則在靜電的條件下，任何**外面**的電荷分布，在導體內都不會產生電場。這解釋了把一些電器裝置放在一個金屬罐中的「屏蔽」原理。同樣的論述，可以用來證明在靜電的條件下，在一個閉合且接地的**導體內**的任何電荷靜電分布，不會在**導體外**產生任何電場。屏蔽可以有雙向作用！靜電情況下，在閉合的導體殼中，內表面內的電場與外表面外的電場，是互不相干的，但不適用於會變化的場。

　　現在你可以看出，為何我們可以測試庫侖定律到如此準確的地步。中空導體殼的形狀並沒有任何關係，它並不需要是球形的，甚至可以是方形的。假如高斯定律是精確的，則殼內的電場永遠是零。現在你可以瞭解，坐在百萬伏特的凡德格拉夫起電機（van de Graaff generator）的高電壓端之內，為何是很安全的，而不需要擔心會被電到——就是因為高斯定律的緣故。

第6章

各種情況下的電場

6-1 靜電位方程式

在這一章，我們將描述幾種不同情況下的電場行為。這將提供一些電場如何變化的經驗，同時也描述幾種用來找電場的數學方法。

一開始，我們先指出，全部的數學問題是去找兩個方程式的解，這兩個方程式即靜電學裡的馬克士威方程式：

$$\nabla \cdot \boldsymbol{E} = \frac{\rho}{\epsilon_0} \tag{6.1}$$

$$\nabla \times \boldsymbol{E} = 0 \tag{6.2}$$

實際上這兩式可以合併成單一個方程式。從第二個方程式，我們馬上知道，可以用純量場的梯度來描述電場（見第 3-7 節）：

$$\boldsymbol{E} = - \nabla \phi \tag{6.3}$$

假如我們願意，我們可以用電位 ϕ 來完全描述一個電場。將 (6.3) 式代入 (6.1) 式，我們得到 ϕ 必須遵守的微分方程式

$$\nabla \cdot \nabla \phi = - \frac{\rho}{\epsilon_0} \tag{6.4}$$

ϕ 的梯度散度，和 ∇^2 作用於 ϕ 是一樣的：

$$\nabla \cdot \nabla \phi = \nabla^2 \phi = \frac{\partial^2 \phi}{\partial x^2} + \frac{\partial^2 \phi}{\partial y^2} + \frac{\partial^2 \phi}{\partial z^2} \tag{6.5}$$

請複習：第 I 卷第 23 章〈共振〉

所以，我們可以將 (6.4) 式寫成

$$\nabla^2 \phi = -\frac{\rho}{\epsilon_0} \qquad (6.6)$$

符號 ∇^2 叫做拉普拉斯算符，而 (6.6) 式叫做帕松方程式（Poisson equation）。從數學的觀點而言，整個靜電學的主題就是去研究 (6.6) 這一個方程式的解。只要解 (6.6) 式得到 ϕ，我們馬上可以從 (6.3) 式得到 E。

我們先從一類特殊的問題開始，在這類問題中，ρ 是 x、y、z 的已知函數。這種情形時的解答是很明顯的，因為我們已經知道在一般情形時 (6.6) 式的解。我們證明過，假如每一點的 ρ 為已知，則在點 (1) 的電位為

$$\phi(1) = \int \frac{\rho(2) \, dV_2}{4\pi\epsilon_0 r_{12}} \qquad (6.7)$$

其中 $\rho(2)$ 是電荷密度，dV_2 是在點 (2) 的體積元素，而 r_{12} 則是點 (1) 和點 (2) 之間的距離。**微分**方程式 (6.6) 的解，簡化成空間的**積分**。我們必須特別去留意 (6.7) 這個解，因為在物理學裡，有很多情況下會導出以下型式的方程式：

$$\nabla^2 \,（某函數）=（另一個函數）$$

而 (6.7) 式是這一類問題的典範解答。

所以，當所有電荷的位置都已知時，靜電場問題的解，完全就是直截了當的答案。我們舉幾個例子，看看如何求出答案。

6-2 電偶極

　　首先我們考慮兩個點電荷，$+q$ 和 $-q$，兩者的距離為 d。讓 z 軸通過這兩個電荷，並取原點在兩者的中點，如圖 6-1 所示。由 (4.24)，此兩電荷產生的電位為

$$\phi(x, y, z)$$

$$= \frac{1}{4\pi\epsilon_0}\left[\frac{q}{\sqrt{[z - (d/2)]^2 + x^2 + y^2}} + \frac{-q}{\sqrt{[z + (d/2)]^2 + x^2 + y^2}}\right]$$

$$\text{(6.8)}$$

我們不將電場的公式寫出來，但是只要知道電位，我們就可以將它

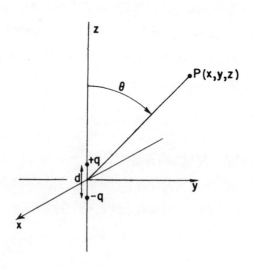

圖6-1　一個電偶極：兩個電荷 $+q$ 和 $-q$，距離為 d。

算出來。所以，我們已經將兩個電荷的問題解出來了。

兩個電荷很靠近的時候，是很重要的特別情形——也就是說，我們只對離電荷很遠處的電場有興趣（很遠的意思是，比 d 大很多）。我們叫這兩個非常靠近的點電荷為**偶極**（dipole）。偶極是很常見的。

一個「偶極」天線，常常可以用兩個距離很近的電荷來做近似——假如我們不管很靠近天線處的電場。（通常我們有興趣的天線，它們其中的電荷是**會動的**，所以靜電方程式並非真正可以派上用場，但是對某些目的而言，這種近似已足夠。）

更重要的也許是原子的偶極。假如在任何物質中有電場，則電子與質子會感受到方向相反的力，因此會有相對的位移。你還記得在導體中，有一些電子會跑到表面上，使得內部的電場等於零。在絕緣體中，電子不會跑太遠，它們會被原子核的吸引力拉回。但是，電子確實是移動了一點點。所以在外加電場中，一個原子或分子雖然仍然保持電中性，但是其中的正、負電荷分開了很小的距離，而形成一個微觀的偶極。假如我們對這些原子的偶極，在一般大小的物質附近所產生的電場有興趣，那麼我們要處理的距離，通常會比成對電荷之間相隔的距離大很多。

有一些分子，因為型態的關係，甚至在沒有外場時，其正、負電荷也會有一些分離。例如一個水分子，在氧原子處有淨負電荷，而在兩個氫原子處都有淨正電荷，電荷的位置並不對稱，如圖 6-2 所示。雖然整個分子的總電荷為零，但是其分布卻是一邊負電荷較多，另一邊正電荷較多。這種排列當然不像兩個點電荷那麼簡單，但是從遠處看時，這個系統的性質和偶極相似。在這一章的後面一點，我們將看到，遠處的電場與電荷的細部分布沒有太大關係。

現在我們就來看大小相等、符號相反、距離 d 很小的兩個電荷

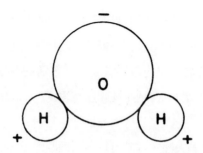

圖6-2　水分子 H_2O。兩個氫原子分到的電子雲少了一點，而氧原子則多了一點。

所產生的電場。當 d 等於零時，兩者互相重疊，總電荷爲零，所以沒有電場。但是，兩者不是互相重疊時，我們可以將 (6.8) 的各項展開，成爲小距離 d 的級數（用二項式展開），而得到良好的電位近似。只保留到 d 的一次項，我們得到

$$\left(z - \frac{d}{2}\right)^2 \approx z^2 - zd$$

我們可以用下式

$$x^2 + y^2 + z^2 = r^2$$

來簡化。於是

$$\left(z - \frac{d}{2}\right)^2 + x^2 + y^2 \approx r^2 - zd = r^2\left(1 - \frac{zd}{r^2}\right)$$

即

$$\frac{1}{\sqrt{[z - (d/2)]^2 + x^2 + y^2}} \approx \frac{1}{\sqrt{r^2[1 - (zd/r^2)]}} = \frac{1}{r}\left(1 - \frac{zd}{r^2}\right)^{-1/2}$$

再把 $[1-(zd/r^2)]^{-1/2}$ 用二項式展開，並且把比 d 平方或更高次的項都丟掉，我們得到

$$\frac{1}{r}\left(1 + \frac{1}{2}\frac{zd}{r^2}\right)$$

同理

$$\frac{1}{\sqrt{[z + (d/2)]^2 + x^2 + y^2}} \approx \frac{1}{r}\left(1 - \frac{1}{2}\frac{zd}{r^2}\right)$$

上面兩項的差就是電位

$$\phi(x, y, z) = \frac{1}{4\pi\epsilon_0}\frac{z}{r^3}qd \tag{6.9}$$

電位以及電場（電位的微分），都與電荷跟距離的乘積 qd 成正比。我們將此乘積定義爲兩電荷的**偶極矩**（dipole moment），並用符號 p 來代表（**不要**和動量混淆！）：

$$p = qd \tag{6.10}$$

(6.9) 式也可以寫成

$$\phi(x, y, z) = \frac{1}{4\pi\epsilon_0}\frac{p\cos\theta}{r^2} \tag{6.11}$$

因爲 $z/r = \cos\theta$，其中 θ 是偶極的軸與原點到點 (x, y, z) 連線的夾角，見圖 6-1。電偶極在一個固定方向產生的**電位**，隨著 $1/r^2$ 而遞減（而點電荷的電位則隨著 $1/r$ 遞減）。電偶極產生的電場，則將依 $1/r^3$ 而遞減。

我們定義 $\boldsymbol{p}$ 是一個向量，大小為 p，方向是沿著偶極的軸，且是由 q_- 指向 q_+，則我們可以將公式寫成向量的形式。於是

$$p \cos \theta = \boldsymbol{p} \cdot \boldsymbol{e}_r \qquad (6.12)$$

其中，$\boldsymbol{e}_r$ 是徑向的單位向量（圖 6-3）。我們也可以用 $\boldsymbol{r}$ 來表示 (x, y, z)，於是

偶極的電位：

$$\phi(r) = \frac{1}{4\pi\epsilon_0} \frac{\boldsymbol{p} \cdot \boldsymbol{e}_r}{r^2} = \frac{1}{4\pi\epsilon_0} \frac{\boldsymbol{p} \cdot \boldsymbol{r}}{r^3} \qquad (6.13)$$

這個公式適用於任何方向與任何位置上的偶極，假如 $\boldsymbol{r}$ 代表偶極到場點的向量。

假如我們想知道偶極的電場，我們只要求得 ϕ 的梯度即可。例如，電場的 z 分量為 $-\partial\phi/\partial z$。對於一個方向在 z 軸的電偶極，我們可以用 (6.9)：

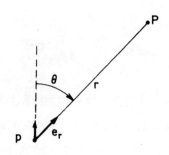

圖 6-3　用向量符號表示電偶極

$$- \frac{\partial \phi}{\partial z} = - \frac{p}{4\pi\epsilon_0} \frac{\partial}{\partial z} \left(\frac{z}{r^3} \right) = - \frac{p}{4\pi\epsilon_0} \left(\frac{1}{r^3} - \frac{3z^2}{r^5} \right)$$

即

$$E_z = \frac{p}{4\pi\epsilon_0} \frac{3\cos^2\theta - 1}{r^3} \tag{6.14}$$

而 x 分量與 y 分量分別為

$$E_x = \frac{p}{4\pi\epsilon_0} \frac{3zx}{r^5}, \qquad E_y = \frac{p}{4\pi\epsilon_0} \frac{3zy}{r^5}$$

這兩個式子，可以合成一個和 z 軸**垂直**的分量，我們叫它為橫向分量 $E_\perp$：

$$E_\perp = \sqrt{E_x^2 + E_y^2} = \frac{p}{4\pi\epsilon_0} \frac{3z}{r^5} \sqrt{x^2 + y^2}$$

即

$$E_\perp = \frac{p}{4\pi\epsilon_0} \frac{3\cos\theta\sin\theta}{r^3} \tag{6.15}$$

橫向分量 $E_\perp$ 是在 xy 平面上，並由偶極的**軸**向外指。當然總電場是

$$E = \sqrt{E_z^2 + E_\perp^2}$$

　　偶極的電場是與偶極的距離立方成反比。軸上（$\theta = 0$）的場，是 $\theta = 90°$ 的場的兩倍。在這兩個特別的角度，電場都只有 z 分量，但是在這兩個地方，正負號相反（圖 6-4）。

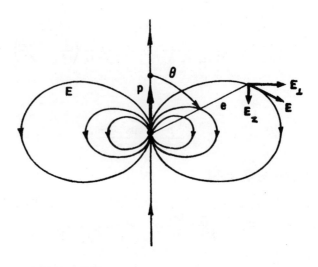

<u>圖6-4</u>　一個電偶極的電場

6-3 向量方程式的注意事項

在這個地方提出一些向量分析的注意事項，是很恰當的。基本的證明，可以用一般形式的簡潔方程式來表示，但是在做不同的計算和分析時，需要取適當的軸才會更方便。我們必須注意到，在求一個電偶極的電位時，我們取偶極的軸為 z 軸，而不是在任意角度上。這樣的取法，使得推導工作容易得多。

但是，當我們把方程式寫成向量形式時，它們將不和任何座標系有關。這樣做以後，我們可以取我們想用的任何座標系，因為一般而言，關係式總是成立的。因此對於特別的問題，當我們可以取一個很簡潔的座標系 ── 假如最後的結果可以表示成向量方程式時，而卻去取一個角度很複雜的任意座標系統，是完全沒有意義

的。所以，我們要盡可能去善用向量方程式與座標系無關的性質。

　　另一方面，假如你要計算向量的散度時，不要只是看著 $\boldsymbol{\nabla} \cdot \boldsymbol{E}$，而不知道那是什麼，不要忘記，它總是可以展開成

$$\frac{\partial E_x}{\partial x} + \frac{\partial E_y}{\partial y} + \frac{\partial E_z}{\partial z}$$

假如你能夠找出電場的 x、y、z 分量，並將它們微分，你就可以得到散度了。把這些分量寫出來，常常會有一種不很優雅的感覺，有如挫敗的情緒；我們總覺得，應該有一種方法去應付向量算符的每一樣東西。但這樣做常常並沒有好處。

　　我們第一次遇到某一類的問題時，將分量寫出來常常是有幫助的，因為這可以使我們知道其中的細節。在方程式中代入數字，並沒有不優雅的地方，而用微分取代好看的符號也沒有不優雅的地方。實際上，這樣做常常有其聰明處。當然，當你在專業的期刊上發表論文，假如將所有的式子都寫成向量的形式，會比較好看——也比較容易讓人瞭解。另外，也比較節省印刷。

6-4　用梯度表示偶極電位

　　我們要指出電偶極的公式，即 (6.13) 式一個有趣的地方。電位可以寫成

$$\phi = -\frac{1}{4\pi\epsilon_0}\, \boldsymbol{p} \cdot \boldsymbol{\nabla}\left(\frac{1}{r}\right) \tag{6.16}$$

假如你算計 $1/r$ 的梯度，你會得到

$$\nabla\left(\frac{1}{r}\right) = -\frac{r}{r^3} = -\frac{e_r}{r^2}$$

所以，(6.16) 式與 (6.13) 式相同。

以前我們是如何想這個關係的？我們只記得 e_r/r^2 出現在點電荷**電場**的公式中，而電場是依 $1/r$ 關係而變化的**電位**梯度。

能夠將偶極電位寫成 (6.16) 式的形式，是有**物理上的**理由的。假如我們有一個點電荷 q 在原點。點 P 的位置為 (x, y, z)，則其電位為

$$\phi_0 = \frac{q}{r}$$

（在這裡的討論中，我們先將 $1/4\pi\epsilon_0$ 拿掉，最後可以再放回去。）現在我們將電荷 $+q$ 往上移一段距離 Δz，在 P 的電位將會改變一些，這個變化就叫做 $\Delta\phi_+$ 吧。那麼 $\Delta\phi_+$ 是多少呢？它實際上與電荷不動、而 P 點**往下移**同樣的距離 Δz 時的電位變化量是一樣的（圖 6-5）。即

$$\Delta\phi_+ = -\frac{\partial\phi_0}{\partial z}\Delta z$$

其中的 Δz 我們可以令它為 $d/2$。所以，套用 $\phi = q/r$，我們得到正電荷產生的電位為

$$\phi_+ = \frac{q}{r} - \frac{\partial}{\partial z}\left(\frac{q}{r}\right)\frac{d}{2} \tag{6.17}$$

用相同的理由，我們可以把從負電荷產生的電位寫為

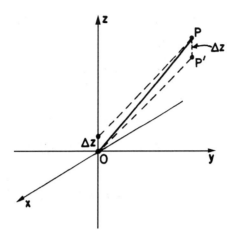

圖6-5 位於原點上方 Δz 處的點電荷在 P 點所產生的電位，與位於原點的點電荷在 P' 點（P 點下方 Δz 處）所產生的電位相同。

$$\phi_- = \frac{-q}{r} + \frac{\partial}{\partial z}\left(\frac{-q}{r}\right)\frac{d}{2} \tag{6.18}$$

總電位為 (6.17) 與 (6.18) 的和：

$$\phi = \phi_+ + \phi_- = -\frac{\partial}{\partial z}\left(\frac{q}{r}\right)d \tag{6.19}$$

$$= -\frac{\partial}{\partial z}\left(\frac{1}{r}\right)qd$$

對於別的方向上的偶極，我們可以用向量 $\Delta \boldsymbol{r}_+$ 來表示正電荷的位移。則我們應該把在 (6.17) 式前面的那一個方程式改寫為

$$\Delta\phi_+ = -\boldsymbol{\nabla}\phi_0 \cdot \Delta\boldsymbol{r}_+$$

其中的 Δr 則被 $d/2$ 取代。跟上面的導法一樣，(6.19) 式會變成

$$\phi = -\boldsymbol{\nabla}\left(\frac{1}{r}\right) \cdot q\boldsymbol{d}$$

如果將 $q\boldsymbol{d} = \boldsymbol{p}$ 代入上式，並放回 $1/4\pi\epsilon_0$，則我們得到和 (6.16) 式相同的式子。從另外一個角度看，(6.13) 式的偶極電位可以解釋為

$$\phi = -\boldsymbol{p} \cdot \boldsymbol{\nabla}\Phi_0 \qquad\qquad (6.20)$$

其中 $\Phi_0 = 1/4\pi\epsilon_0 r$ 是**單位**點電荷的電位。

　　雖然我們總是用積分的方法，去求已知電荷分布所產生的電位，但是有時候，我們可以用聰明的技巧去得到答案，以節省時間。例如，我們可以常常運用疊加原理。假如有一個電荷分布，可以分成是兩個電位為已知的分布的和，則只要將兩個已知的解相加，就得到我們想要的電位了。我們剛剛導出的 (6.20) 就是一個例子，另外一個例子在下面。

　　假設我們有一個球面，其表面電荷的分布是隨極角的餘弦而變化。那麼，這個分布的積分會很麻煩。但是很奇妙的，這個分布可以用疊加原理來分析。假想一個球，正電荷的**體積**密度很均勻，另外一個球，有相等的均勻負電荷體積密度。原先這兩球疊加，會構成一個電中性，也就是不帶電的球。現在，假如正電球和負電球有一點點的相對位移，那麼球體中間互相重疊的部分仍然不帶電，但是有一些些正電荷會出現在一邊，另外一邊則出現一些些負電荷，如圖 6-6 所示。假如相對的位移很小，那麼淨電荷就等於（一球面上的）表面電荷。而面電荷密度會與極角的餘弦成正比。

　　現在假如我們想要求此分布的電位，我們不需要去做積分。我

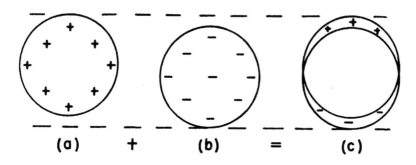

圖6-6　兩個均勻帶電的球，疊加後有一點點的相對位移，結果會等於
表面電荷的不均勻分布。

們知道，每一個球的電位，從對球外的觀點而言，就像是一個點電
荷所產生的電位。兩個有相對位移的球，就像兩個點電荷；而電位
就像是偶極產生的一樣。

　　用這個方法，你可以證明，有電荷分布而半徑為 a 的球，如果
有以下的面電荷密度

$$\sigma = \sigma_0 \cos \theta$$

則在球外產生的電場，就像是一個偶極電場，其偶極矩為

$$p = \frac{4\pi\sigma_0 a^3}{3}$$

我們也可以證明，球內的電場是一個常數，其值為

$$E = \frac{\sigma_0}{3\epsilon_0}$$

假如 θ 角是由正 z 軸算起，則球內電場的方向是在**負** z 軸方向。我們剛剛考慮的例子，不能把它看成是刻意想像出來的，我們將在介電體理論時又會再度碰到這個例子。

6-5 任意分布的偶極近似

在另外一種情況時，偶極場也會出現，這情形不只有趣，而且也很重要。假如我們有一個物體，它有複雜的電荷分布，像水分子（圖 6-2），而我們只對很遠處的電場有興趣。我們將證明，電場的距離比物體的尺寸大很多時，我們可以導出一個相對簡單的式子，適合這種距離的電場。

我們可以想像，我們的物體是在有限區域內的一些點電荷 q_i 的集合體，如圖 6-7 所示。（往後如果有需要的話，我們可以用 $\rho\,dV$ 取代 q_i。）我們取大約在區域的中心點為原點，而用 d_i 表示由原點

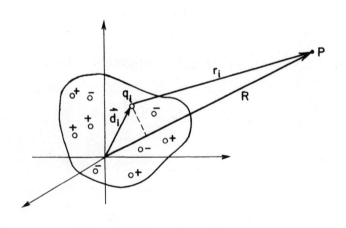

圖 6-7　離開一組電荷很遠處的 P 點上的電位計算

到 q_i 的位移。考慮一點 P，其位置為 R，並假設 R 比最大的 d_i 大很多，則 P 點的電位是多少？所有的電荷產生的電位為

$$\phi = \frac{1}{4\pi\epsilon_0} \sum_i \frac{q_i}{r_i} \tag{6.21}$$

其中，r_i 是由 P 到電荷 q_i 的距離（即向量 $R - d_i$ 的長度）。現在假設由觀察點 P 到所有電荷的距離都很大，則每一個 r_i 都可以近似為 R。每一項都變成 q_i/R，我們可以將 $1/R$ 拿到求和的符號前面。我們因此得到簡單的結果

$$\phi = \frac{1}{4\pi\epsilon_0} \frac{1}{R} \sum_i q_i = \frac{Q}{4\pi\epsilon_0 R} \tag{6.22}$$

其中，Q 是物體的總電荷。我們發現，在離開一小塊帶電荷物體很遠處來看，一小塊帶電荷物體就像是一個點電荷。這個結果並不令人意外。

　　但是，如果正、負電荷的數目相等時，情況會如何呢？此時總電荷 Q 是零。這並非不尋常的情形，因為物體通常是電中性的。水分子是電中性的，但是電荷並不是都在同一點上，所以如果距離夠近的話，我們可以看到分子中電荷分離的一些效應。我們需要一個比 (6.22) 更好的近似，來描述電荷任意分布的電中性物體所產生的電位。方程式 (6.21) 仍然是精確的，但是我們不能直接令 $r_i = R$。我們需要有 r_i 的更精確式子。假如 P 點是在很遠的距離之外，則 r_i 和 R 的差別，幾乎等於 d 在 R 的投影，這可以由圖 6-7 看出來。（你必須想像 P 點的位置，要比圖中所顯示的還要遠很多。）換句話說，如果 e_R 是在 R 方向的單位向量，則我們對 r_i 的下一階近似為

$$r_i \approx R - \boldsymbol{d}_i \cdot \boldsymbol{e}_R \tag{6.23}$$

我們想要的是 $1/r_i$，因為 $d_i \ll R$，所以我們可以得到如下的近似

$$\frac{1}{r_i} \approx \frac{1}{R} \left(1 + \frac{\boldsymbol{d}_i \cdot \boldsymbol{e}_R}{R} \right) \tag{6.24}$$

將此式代入 (6.21)，我們得到電位為

$$\phi = \frac{1}{4\pi\epsilon_0} \left(\frac{Q}{R} + \sum_i q_i \frac{\boldsymbol{d}_i \cdot \boldsymbol{e}_R}{R^2} + \cdots\cdots \right) \tag{6.25}$$

上式最後的三個點，是我們省略掉的 d_i/R 的更高次項。這一些項，包括我們已經得到的，是將 $1/r_i$ 在 $1/R$ 處的泰勒展開式，展開成為 d_i/R 各次方的連續項。

(6.25) 式的第一項，是我們已經得到的。對於電中性的物體，此項等於零。第二項隨著 $1/R^2$ 變化，與偶極電位相同。實際上，如果我們**定義**

$$\boldsymbol{p} = \sum_i q_i \boldsymbol{d}_i \tag{6.26}$$

為電荷分布的性質，電位(6.25)的第二項可以寫為

$$\phi = \frac{1}{4\pi\epsilon_0} \frac{\boldsymbol{p} \cdot \boldsymbol{e}_R}{R^2} \tag{6.27}$$

與偶極電位完全相同。我們把 $\boldsymbol{p}$ 這個量叫做分布的偶極矩。這是我們先前對偶極矩定義的推廣，而在兩個點電荷的特殊情形時，又回到先前的定義。

我們的結果是，對於**任何**一團雜亂、而整體是電中性的物質，在離開它夠遠處的電位是偶極電位。這電位以 $1/R^2$ 的關係而變小，並依 $\cos\theta$ 而變化，強度則與電荷分布的偶極矩有關。因為成對電荷的簡單例子並不多見，因此我們上面討論的偶極電場很重要。

例如一個水分子，有相當強的偶極矩。這個偶極矩產生的電場，是水的重要特性之一。有很多分子，例如 CO_2，因為分子的對稱性，其偶極矩等於零。對於這些分子，我們必須展開到更精確的高次項，得到依 $1/R^3$ 而變小的電位，我們叫它為四極（quadrupole）電位。我們將在後面討論這種情形。

6-6　帶電導體的電場

電荷分布一開始就為已知的例子，我們已經討論完了。這一類問題，最多只是牽涉到一些積分，並不算很複雜。我們現在討論另外一種完全不同的問題，就是求帶電導體附近的電場的問題。

假設我們將總電荷 Q 放進任一導體。現在我們無法知道電荷的確切位置。電荷將以某種方式分散到表面去。我們如何才能知道這些電荷如何分布到表面呢？電荷的分布必須使得表面變成等電位。假如表面不是等電位，則導體內會有電場，使得電荷繼續運動，直到電場等於零。這類的一般性問題，可以用以下的方法來解。我們先猜測一種電荷分布，再計算其電位。假如表面每一個地方的電位都相等，那麼問題已經解決了。假如表面不是等電位，我們就猜錯了電荷的分布，必須再猜一次——當然希望有更好的猜測！這可能會沒完沒了，除非我們對後續的猜測，採取一些謀略。

猜測如何分布的問題，是數學上的難題。當然，大自然有的是時間去做到，電荷會互相推來推去，直到它們達到平衡。然而，當

我們想要解決問題時，每一次嘗試都需要很長的時間，這種方法很
冗長、枯燥。一組任意導體和電荷的問題，可能是非常複雜的問
題，通常需要非常大量的數值法計算，才能得到解。目前，這一類
的數值計算，都是用計算機去執行，當然我們必須告訴計算機如何
進行。

　　另一方面，有一些情況，雖然其實用性不是很大，但是假如我
們能夠用某些比較直接的方法去求得答案，仍然是很好的，就不需
去寫計算機程式了。很幸運的，有幾個情形，我們可以利用一些技
巧，從大自然擠出答案。我們要描述的第一種技巧，會利用到我們
已經得到過的解，是在探討有特別位置的電荷問題時獲得的解。

6-7 鏡像法

　　我們已經解過，像是兩個點電荷產生的電場。圖 6-8 標示出我
們在第 5 章計算出來的一些場線和等電位面。現在來考慮標示為 A
的等電位面。假設我們製造出很薄的金屬片，形狀剛好和此等電位
面相同。我們將金屬放在 A 的位置，並將其電位調整到適當的值，
沒有人會知道有金屬在這個位置，因為沒有任何電場或電位產生改
變。

　　但是，請注意！我們實際上已經解了一個**新**的問題。我們的情
況是，把一個定值電位的彎曲金屬面放在一個點電荷附近。假如我
們放在等電位面的金屬片延伸開來，最後自己形成了閉合面（實際
上要延伸得夠遠），那麼情況就像我們在第 5-10 節所討論的情形，
空間給分成兩個區域，一個區域在閉合導電殼內，另一區域在殼
外。我們發現，那裡兩個區域的場互相沒有關聯。所以我們在彎曲
導體外會得到相同的電場，不論裡面的電場如何，我們甚至可以將

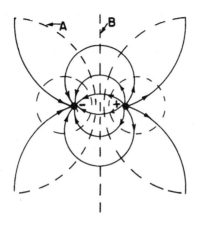

<u>圖6-8</u> 兩個點電荷產生的一些電場線和電位

裡面填滿導電材料。所以,我們等於已經找到了如圖6-9排列的電場。在導體外的電場,就像圖6-8的兩個點電荷所產生的電場。在導體內電場則為零。同時,緊鄰導體外的電場與表面垂直,電場也必定如此。

所以,我們可以計算 q 以及放在適當位置的假想點電荷 $-q$ 所產生的電場,來計算圖6-9的電場。存在於導電面後方的「假想」點電荷,叫做**鏡像電荷**(image charge)。

在一些書中,你可以找到關於雙曲面形狀的導體,以及其他看起來很複雜的情形的一長串解。你會覺得很奇怪,怎麼會有人可以解出這些可怕形狀的問題。他們是倒回去解的!有人解了已知電荷的簡單問題,然後他看到某一些等電位面顯現出新的形狀,於是他寫了一篇論文指出,在某種特別形狀外頭的電場,可以用某種方法來描述它。

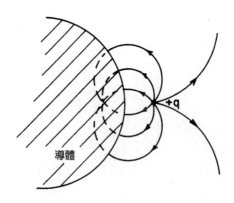

圖 6-9　形狀如同圖 6-8 等電位面 A 的導體其外的電場

6-8 靠近導電平面的一個點電荷

我們舉這個方法的最簡單應用例子，考慮圖 6-8 中的平面等電位面 B。利用它，我們可以解一個點電荷放在導電平面前的問題。我們只需要把圖中的左半部刪掉。我們的解的場線，就如圖 6-10 所示。因為這個等電位平面是在兩個電荷的中間位置，所以電位為零。就這樣，我們解了一個正電荷放在接地導電平面附近的問題。

現在我們已經把整個電場都解出來了，但是，是哪些**真實**的電荷在產生這個電場的呢？除了所給的正點電荷外，導電體上也有一些受（很遠處的）正電荷所吸引而感應的負電荷。現在假如有技術上的理由，或者由於好奇，你想要知道這些負電荷在表面上的分布。你可以利用我們在第 5-9 節從高斯定律得到的結果，求出面電荷密度。緊鄰導體表面外，電場的法向分量等於面電荷密度 σ 除

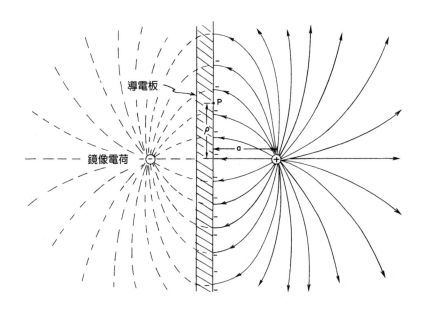

圖6-10 利用鏡像法，求得靠近導電平面的一個點電荷的電場。

以 ϵ_0。我們可以由電場的法向分量反推回去求電荷密度，因為我們知道每一個地方的電場，所以我們可以得知電荷密度。

考慮表面上某一點，它和正電荷到表面的垂直交點的距離為 ρ（圖6-10）。這一點的電場與表面垂直，方向是朝向表面內。由**正點**電荷產生的電場的法向分量為

$$E_{n+} = -\frac{1}{4\pi\epsilon_0}\frac{aq}{(a^2 + \rho^2)^{3/2}} \qquad (6.28)$$

要得到全部的電場，我們必須再加上負電荷產生的電場。結果是電場的法向分量增為兩倍（其他分量完全互相抵消），所以表面上任

何一點的電荷密度 σ 是

$$\sigma(\rho) = \epsilon_0 E(\rho) = -\frac{2aq}{4\pi(a^2 + \rho^2)^{3/2}} \qquad (6.29)$$

有一個很有趣的方法可以檢查我們的結果，就是對 σ 做整個面的積分。我們發現全部的應電荷為 $-q$，這是它應該的答案。

進一步的問題是：這個點電荷是否受到力？答案是有，因為導電板上感應的負表面電荷對它有吸引力。我們知道表面電荷為多少（從 (6.29) 式），我們可以用積分計算對正點電荷的力。但是我們知道，作用於正電荷的力，**會**剛好等於負的鏡像電荷對它的作用力，而不需要去考慮導電板，因為兩者在附近產生的電場完全一樣。點電荷感覺到有一個拉向導電板的力，大小為

$$F = \frac{1}{4\pi\epsilon_0} \frac{q^2}{(2a)^2} \qquad (6.30)$$

我們找到力的大小了，比起對全部負電荷做積分去求，這要簡單多了。

6-9 靠近導電球的一個點電荷

除了平面外，是否還有其他形狀的面，可以得到簡單解？下一個簡單的形狀是球。現在我們來找一個接地金屬球附近有一個點電荷 q 產生的電場，如圖 6-11 所示。現在我們要找一個簡單的物理情況，使得球面是等電位面。假如我們尋找過去人們已經解出來的問題，我們發現有人注意到，兩個**不相等**的點電荷，會有一個等電位面是球面。啊！假如我們選擇一個鏡像電荷的位置，並取正確的電

荷大小，也許可以讓我們的球面是等電位面。由以下的步驟，我們
確實可以做到。

假設你想要的等電位面，是一個半徑為 a 的球，其中心點和 q
的距離是 b。將一個大小為 $q' = -q(a/b)$ 的鏡像電荷，放在點電荷與
球心的連線上，鏡像電荷與球心的距離為 a^2/b。則球面的電位為
零。

數學上的理由是，球面上任意一點分別到兩個點電荷的距離比
是一個常數。參看圖6-11，q 與 q' 在 P 點產生的電位，與下式成正
比：

$$\frac{q}{r_1} + \frac{q'}{r_2}$$

符合下式的各個點上，電位將為零：

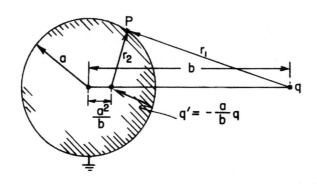

圖6-11　一個點電荷 q 使接地的導電球產生應電荷，其產生的電場，就
　　　　和一個鏡像電荷 q' 放在圖中所示的位置所產生的電場一樣。

$$\frac{q'}{r_2} = -\frac{q}{r_1} \quad \text{即} \quad \frac{r_2}{r_1} = -\frac{q'}{q}$$

假如我們將 q' 放在和球心相距 a^2/b 的位置，r_2/r_1 這個比等於一個常數 a/b。因此假如

$$\frac{q'}{q} = -\frac{a}{b} \tag{6.31}$$

球面將是等電位面，而實際上，它的電位為零。

　　假如我們有興趣的是電位不等於零的球，那會如何呢？電位為零，是只有當球面上的總電荷剛好等於 q' 時才發生。當然，如果球是接地的，其上的應電荷，就會有那麼多。假如球是絕緣的，而且我們沒有放任何電荷在上面，那情況會如何呢？或者我們知道有總電荷 Q 放在其上，會如何呢？或者我們只知這個球有不等於零的電位，又會如何呢？所有這些問題都很容易回答。我們永遠可以放一個電荷 q'' 在球心上。利用疊加原理，球面還是等電位面，只是電位的大小會改變。

　　例如，我們有一個導電球，原先沒有電荷在其上，而且和任何其他物體都絕緣。我們將球帶到正的點電荷 q 附近，球上的總電荷仍然為零。我們用上面所述的鏡像電荷 q' 可以得到答案，但是，我們必須再放一個電荷 q'' 在球心上，並取

$$q'' = -q' = \frac{a}{b}q \tag{6.32}$$

球外任何一點的電場，可先分別求 q、q'、q'' 的電場，再用疊加原理，問題就解出來了。

我們現在可以看到球和點電荷之間有吸引力，雖然電中性的球上沒有電荷，但是力不等於零。吸引力從何而來？當你拿一個正電荷靠近一個導電球時，正電荷會吸引負電荷到離自己較近的球面上，而讓球上的正電荷留在遠處的那一面。負電荷的吸引力超過正電荷的排斥力，所以有淨的吸引力。我們可以從 q' 和 q'' 產生的電場對 q 的作用力，計算出吸引力的大小。總力是以下兩個力的和：一個是 q 和 $q' = -(a/b)q$ 之間的吸引力，兩者的距離是 $b - (a^2/b)$，另外一個是 q 和 $q'' = +(a/b)q$ 間的排斥力，兩者的距離是 b。

小時候有一種發粉盒子，上頭的商標圖案就是盒子本身，這個盒子上的商標圖案又有盒子，而這個盒子的商標圖案又是盒子……，受這種發粉盒子吸引的人，可能會對以下的問題有興趣。有兩顆相同的球，其中一顆球的總電荷是 $+Q$，另一顆球的總電荷是 $-Q$，兩顆球相隔某一段距離。這兩顆球之間的力是多少？這個問題可以用無窮多個鏡像電荷來解。首先，可以讓每一顆球近似為一個電荷，位置在其球心。每一個電荷將在另外一顆球內產生鏡像電荷，鏡像電荷又會有鏡像等等等。這個解就像發粉盒上的圖案，而且這個解收斂得很快。

6-10 電容器；平行板

我們現在討論另一類的導體問題。考慮兩大片金屬板，兩者互相平行，之間的距離比板子的寬度小很多。我們假設在兩片板子上的電荷，大小相等，電性相反。其中一片板子上的電荷，會被另一片板子上的電荷所吸引，而電荷會均勻分布在兩片板子的內表面。板子上的面電荷密度分別為 $+\sigma$ 和 $-\sigma$，如圖 6-12 示。從第 5 章，我們知道兩板之間的電場為 σ/ϵ_0，而板子外的電場為零。兩片板子

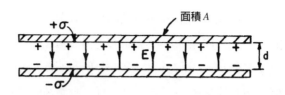

面積 A

圖6-12　平行板電容器

有不同的電位，分別爲 ϕ_1 和 ϕ_2。爲了方便起見，我們稱兩電位的差爲 V，V 常稱爲「電壓」：

$$\phi_1 - \phi_2 = V$$

（有時候，你會發現有人用 V 表示電位，但是我們用 ϕ 來表示。）

電位差 V 是指，把小電荷由一片板子移到另外一片板子，每單位電荷所需要的功

$$V = Ed = \frac{\sigma}{\epsilon_0} d = \frac{d}{\epsilon_0 A} Q \tag{6.33}$$

其中，$\pm Q$ 是每一片板子上的總電荷，A 是板子的面積，d 則是兩片板子之間的距離。

我們發現，電壓與總電荷成正比。空間任何兩個導體，其中一個帶正電荷，另一個帶大小相等的負電荷，則我們會有 V 和 Q 成正比的結果。電位差，即電壓，會和電荷成正比。（我們假設附近沒有其他電荷存在。）

爲何會成正比？這純粹是由疊加原理而來。假設我們已知一組電荷的解，然後再將相同的另外一組電荷加進來。則電荷加倍，電場也加倍，所以將一個單位電荷，由一個位置移到另外一個位置，

所需要做的功也加倍。所以任何兩點之間的電位差，會和電荷成正比。尤其是兩個導體的電位差，與導體上的電荷成正比。以前有人將兩者互相成正比的方程式，寫成另外一個形式。他們的寫法是

$$Q = CV$$

其中的 C 是一個常數，這個比例係數叫做**電容**（capacity）。而由兩個導體所組成的這類系統叫做**電容器**（condenser）。* 對於我們剛討論的平行板電容器

$$C = \frac{\epsilon_0 A}{d} \text{（平行板）} \tag{6.34}$$

上面的公式並不精確，因為兩片板子之間的電場，並不像我們假設的是均勻的場。在板子的邊緣，電場並不是忽然等於零，而是如圖 6-13 所示。總電荷不是我們假設的 σA，由於邊緣效應，必須有一些修正。為了求出這個修正，我們必須計算出更精確的場，以瞭解在邊緣處的情形。這是很複雜的數學問題，可以用某一些技巧來解決，不過我們不在這裡討論。這個計算的結果是，邊緣處的電荷密度升高了一點。這表示平行板的電容，要比我們計算出來的值大一點。（一個計算電容很好的近似公式是，用 (6.34) 式去算，但是我們**要**把 A 加大，有如將平板的邊緣向外延伸至兩板距離的 3/8 倍。）

---

*原注：電容與電容器的英文名稱，有人覺得應該用 capacitance 與 capacitor，而不是 capacity 與 condenser。但是本書採用後者，因為它們是較早的用詞，而且在物理實驗室裡使用得更普遍，雖然在教科書中可能不是這樣。

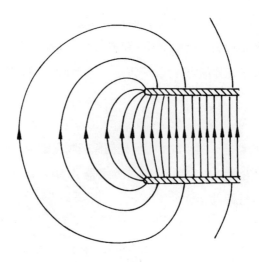

圖6-13　兩個平行板邊緣附近的電場

　　我們只討論了兩個導體的電容。有時候，有人會談到單一物體的電容。例如有人提到，一個半徑為 a 的球的電容為 $4\pi\epsilon_0 a$，他們想像另一端有另外一個半徑無窮大的球，也就是說，在我們考慮的球上有 $+Q$ 的電荷，相反的電荷 $-Q$ 則在無窮大的球上。我們也可以有三個或更多導體的電容，不過我們將把這些問題延後才來討論。

　　假設我們想要電容很大的電容器。要得到很大的電容，我們可以用很大的面積，以及很小的距離。我們可以在兩片鋁箔之間放一張蠟紙，再把它們捲起來。（假如我們再用塑膠封起來，就得到典型的收音機型態的電容器。）這有多好呢？它會是很好的電荷儲存器。舉例說，假如我們想將電荷儲存在一個球上，當電荷放到球上時，電位會升得很快。電位升高到一個程度時，電荷會經由火花放電而跑到空氣中。但是，如果我們將同量的電荷，放到電容很大的

電容器上，電容器兩端的電壓還是不會很大。

在許多電路的應用上，有一個裝置可以吸收或放出大量電荷，卻又沒有改變多少電位，這是很有用的。電容器就具有這樣的功能。在許多電子儀器和計算機的應用方面，電容器可以用來確定，特定電荷量的變化會產生固定電位變化的反應。在第 I 卷第 23 章，我們討論到共振電路的性質時，就有看到類似的應用。

從 C 的定義，我們知道它的單位是庫侖／伏特，這個單位也叫做**法拉**（farad）。再看一看(6.34)式，可以看出來我們可以將 ϵ_0 的單位表示成法拉／公尺，這是最常用的單位。電容器的典型大小，從一個微微法拉（= 1 皮法拉）到幾個毫法拉。幾個皮法拉的小電容器是用在高頻調諧電路，而幾百或幾千微法拉的大電容器，可以在電源供應的濾波器上找到。面積都是 1 平方公分的一對金屬板，相距 1 公釐時，電容大約等於 1 微微法拉。

$$\epsilon_0 \approx \frac{1}{36\pi \times 10^9} \text{ 法拉／公尺}$$

6-11 高電壓的崩潰

我們現在要以定性的方式，來討論導體附近電場的一些特性。假如我們對一個不是球形的導體充電，例如物體上有突出的部位，或者有一個尖端，如圖 6-14 所示。則端點附近的電場，要比其他區域的場大很多。理由是，從定性來說，電荷在導體表面會試著盡可能的分散，而尖端點是可能離開大部分表面的最遠處。板上的一些電荷一直被推到尖端點。在尖端，相對小量的電荷，還是可以有大

表面**密度**；而高密度表示緊鄰表面處是高電場。

　　有一個方法可以瞭解，為何在導體中曲率半徑最小的地方，會有最大的電場。考慮一顆大球與一顆小球，兩球之間用一條電線相接，如圖 6-15 所示。這是圖 6-14 的導體的理想化版本。電線對球外的電場影響很小，只是用來使兩球的電位相等。現在要問，哪一顆球的表面電場最大？假如左邊的球半徑是 a，帶有電荷 Q，電位大約為

$$\phi_1 = \frac{1}{4\pi\epsilon_0}\frac{Q}{a}$$

（一顆球的存在，當然會影響另外一顆球上的電荷分布，所以兩顆球上的電荷分布都不是球對稱。但是，假如我們只要估計場的大

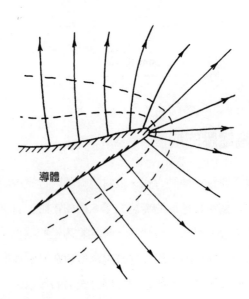

圖 6-14　靠近導體尖端點的電場很大

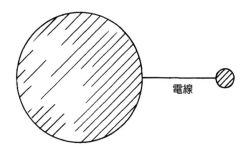

圖6.15 具有尖端突出的物體，其電場可以用兩個等電位的球來近似。

小，我們可以用球對稱的電位。）假如小的球半徑是 b，帶有電荷 q，電位大約為

$$\phi_2 = \frac{1}{4\pi\epsilon_0}\frac{q}{b}$$

但是 $\phi_1 = \phi_2$，所以

$$\frac{Q}{a} = \frac{q}{b}$$

另一方面，表面上的電場（見 (5.8) 式）與面電荷密度成正比，密度則與總電荷除以半徑平方成正比。我們得到

$$\frac{E_a}{E_b} = \frac{Q/a^2}{q/b^2} = \frac{b}{a} \tag{6.35}$$

所以半徑小的球，表面上的電場比較大。電場大小與半徑成反比。

這個結果，在技術上很重要，因為如果電場太強，空氣會崩潰，空氣中一些流散的電荷（電子或離子）會被電場加速。假如電場非常大，電荷在撞到其他原子之前，就已取得足夠的速度，使得電荷在撞到原子時，能把原子裡的電子撞出來。結果，離子會愈來

愈多。離子的運動會造成放電或產生火花。假如你要將一個物體充電到高電位，而不想讓它自己在空氣中放電、產生火花，那麼你務必要確定物體表面是平滑的，不會有任何地方的電場大得異常。

6-12 場發射顯微鏡

導體上任何尖銳突出的附近，會有非常強的電場，這種現象可以讓我們有以下的有趣應用。**場發射顯微鏡**（field-emission microscope）的操作，就是利用在尖銳金屬端點會產生強電場的原理。[*] 場發射顯微鏡用以下的方式建構而成。把一根非常細的針，尖端直徑約為 1000 埃，放在抽真空玻璃球的中心（圖 6-16）。玻璃的內表面鍍一層很薄的螢光材料做成的導電膜，並在螢光鍍膜和針尖之間加上很大的電位差。

首先，我們考慮對於螢光鍍膜而言，針尖是處於負電位的情形。場線非常集中於針尖端點。電場強度可以達到每公分 4 千萬伏特。在如此強烈的電場之下，電子會從針尖表面給拉出來，而且由於螢光層和針尖之間的電位差，電子產生加速度。當電子抵達螢光層時，會放出亮光，有如電視機的映像管。

某些電子到達螢光面上的某一點，我們可以想像成，這些電子是從針尖另一端的徑向場線所發射出來的，這是非常好的近似，因為電子從針尖放射出來時，會順著從針尖到螢光面的場線而運動。

[*]原注：請參考 E. W. Müller: "The field-ion microscope," *Advances in Electronics and Electron Physics*, **13**, 83-179 (1960). Academic Press, New York。

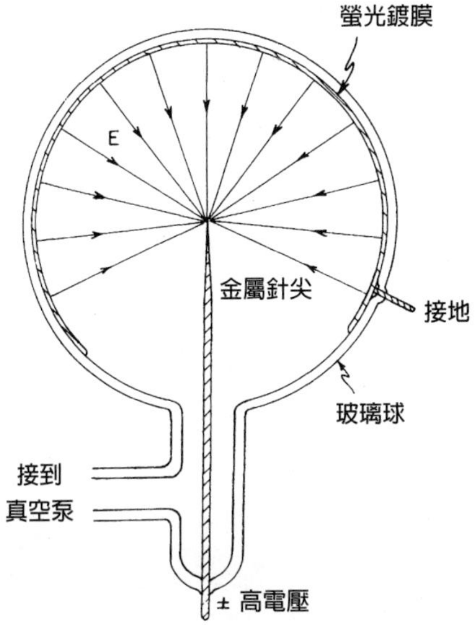

圖6-16　場發射顯微鏡

所以我們在表面上看到的是，針尖的某一種影像。更準確一點說，我們看到針尖表面**發射率**（emissivity）的圖像，也就是電子要脫離金屬尖端表面的容易程度。

假如鑑別率夠高的話，我們就能期盼分辨出針尖個別原子的位置。但是使用電子，我們無法得到如此高的鑑別率，理由如下。首先，由於電子波有量子力學的散射作用，使得影像模糊。第二，電子在金屬內的運動，使得電子在離開金屬表面時，有一些橫向初速度。這些無規的橫向速度分量，也會使影像模糊。上述兩個效應，使得鑑別率受限，只能達到約25埃左右。

但是，假如我們把電極反向，並且在球中加入一些少量氦氣，我們可以得到更高的鑑別率。當一個氦原子碰到針尖時，會被針尖

奪去一個電子,使它帶正電。氦離子於是沿著場線由內向外被加速,而最終到達螢光幕。因為氦離子比電子重很多,其量子力學波長也就短很多。假如溫度不是很高,熱速度產生的效應,也要比用電子時小很多。影像減少模糊,因此可以得到更清晰的針尖圖像。用上述的正離子場發射顯微鏡,放大倍數可以達到 2 百萬倍,是最好的電子顯微鏡的 10 倍。

圖 6-17 是用鎢針得到的場離子發射顯微鏡的結果。鎢原子的中

圖 6-17　場發射顯微鏡產生的影像
（賓州州立大學物理系研究教授 Erwin W. Müller 提供）

心點，與兩個鎢原子之間，讓氦原子離子化的速率有一點點不等。螢光幕上亮點的圖案，顯現出鎢針尖上**個別原子**的排列。亮點形成環狀圖樣的理由，可以由以下的想像來瞭解。在一個大盒子中放許多球，排成矩形排列，這一些球就代表金屬中的原子。假如你把盒子切出近似球形的截面，將會看到原子結構的環狀特徵。場離子發射顯微鏡提供了方法，使得人類能夠首度看到原子。這是很了不起的成就，尤其這個裝置是如此簡單。

第 7 章

各種情況下的電場(續)

7-1 求靜電場的方法

在這一章我們將繼續探討，在幾種特別情況下電場的特性。首先我們要描述幾個用來解導體問題的方法，這些方法需要細心且大量的演算。我們並不期望現在這個時候，讀者就會很熟練這些較進階的方法。但是能知道哪幾種問題可以解得出來，也是很有幫助的；也許未來在更高階的課程中，可以學到解這些問題的技巧。現在我們舉兩個例子，其中電荷的分布既不固定，也不在導體上，而是由其他物理法則來決定的。

我們在第 6 章已經看到，當電荷分布明確時，靜電場的問題是基本且簡單的；我們只要計算一個積分而已。當有導體存在時，情況變得比較複雜，因為解題前，我們並不知道導體上電荷的分布，電荷會自己在表面上分布，使得整個導體成為等電位。此類問題的解答，無法直接寫出，而且也不簡單。

我們曾經找到一種間接的方法來解此類問題，我們先找某一個特定電荷分布的等電位面，然後再用一個導電表面來代替此等電位面。用這個方法，我們可以建立一個目錄，列出可以找到解答的導體形狀，如球、平面等。第 6 章所描述的鏡像法，就是間接方法的一個例子。在這一章，我們要再介紹另外一種方法。

假如我們要解的問題，不屬於可以用間接方法來解的類型，我們只好用更直接的方法。直接方法的數學問題是去找拉普拉斯方程式的解，

$$\nabla^2 \phi = 0 \tag{7.1}$$

並且要求 ϕ 在某一些邊界上（即導體表面）是適當的常數。微分場

方程式其解答必須滿足某一些**邊界條件**，此類問題叫做**邊界值**問題。有許多數學課程討論並研究此類問題。導體的形狀如果是複雜的，則沒有一般性的解析方法存在。甚至一個簡單的兩端封閉的圓錐罐（例如啤酒罐）的問題，都會是可怕的數學難題。它只能用數值方法求得近似解。**唯一**的一般性求解方法，就是數值方法。

有幾種問題，可以用 (7.1) 式直接解出來。例如帶電荷導體的面，是具有旋轉對稱的橢圓形的面，則它可以用已知的特別函數精確的解出來。將橢圓體無限扁平，則可以得到一個薄盤的解。將橢圓體無限瘦細，則可以得到一個針的解。但是我們還是要特別強調，能廣泛應用的直接方法，就只有數值技巧而已。

邊界值問題也可以用物理類比的測量來解。拉普拉斯方程式出現在許多不同的物理狀況：如在穩定態的熱流、無旋流體的流動、在很大介質中的電流、以及在彈性膜的歪斜等。常常，我們可以建立一個物理模型，類比於我們要解的靜電問題。測量此模型中適當類比的量，就可以解出我們想要的問題。一個類比技巧的例子是，用電解槽去找二維靜電場的問題。這個方法可以用，是因為在均勻導體介質裡，電位的微分方程式和在真空中是一樣的。

在很多物理情況下，其中物理場在某一個方向的變化等於零，或者在與其他兩個方向的變化比較下，可以省略。這種問題叫做二維的；場只與兩個座標有關。例如，我們放一條很長的帶電荷電線在 z 軸，則在離電線不很遠處的電場，只和 x 與 y 有關，而和 z 無關；此問題是二維的。因為在二維的問題 $\partial/\partial z = 0$，所以 ϕ 的方程式為

$$\frac{\partial^2 \phi}{\partial x^2} + \frac{\partial^2 \phi}{\partial y^2} = 0 \tag{7.2}$$

因爲二維方程式相形之下會簡單一點，所以在條件範圍比較廣的情況下，可以有解析解。實際上有一個間接但很強的數學技巧可以用，它利用數學上的複變函數的定理，以下我們就來描述它。

7-2 二維電場；複變函數

複數變數 $\mathfrak{z}$ 的定義爲

$$\mathfrak{z} = x + iy$$

（不要把 $\mathfrak{z}$ 和座標 z 搞混了，在以下的討論中，我們將座標 z 忽略，因爲我們假設電場和 z 無關。）每一點的 x 和 y 的值對應於一個複數 $\mathfrak{z}$。我們可以將 $\mathfrak{z}$ 當作是一個（複數）變數，而用它來寫一般的數學函數 $F(\mathfrak{z})$。例如，

$$F(\mathfrak{z}) = \mathfrak{z}^2$$

或者是

$$F(\mathfrak{z}) = 1/\mathfrak{z}^3$$

或者是

$$F(\mathfrak{z}) = \mathfrak{z} \log \mathfrak{z}$$

等等。

我們可以將 $\mathfrak{z} = x + iy$ 代入任何特別的函數 $F(\mathfrak{z})$ 中，而得到 x 和 y 的函數，其中包含實部和虛部。例如，

$$\mathfrak{z}^2 = (x + iy)^2 = x^2 - y^2 + 2ixy \tag{7.3}$$

任何函數 $F(\mathfrak{z})$ 可以寫成一個純實部和一個純虛部的和，而每一部分都是 x 和 y 的函數：

$$F(\mathfrak{z}) = U(x, y) + iV(x, y) \tag{7.4}$$

其中 $U(x, y)$ 和 $V(x, y)$ 都是實數函數。所以從任何複數函數 $F(\mathfrak{z})$，可以導出兩個新的函數 $U(x, y)$ 和 $V(x, y)$。例如從 $F(\mathfrak{z}) = \mathfrak{z}^2$ 我們得到兩個函數

$$U(x, y) = x^2 - y^2 \tag{7.5}$$

和

$$V(x, y) = 2xy \tag{7.6}$$

現在我們要用到一個令人高興的奇妙數學定理，而此定理的證明則留待你們的數學課程裡再做。（我們並不想將此中所有的數學神祕處都寫出來，因為它會變成很無聊。）它的內涵如下。對於任何「一般函數」（數學家的定義會更好）U 和 V 兩個函數會**自動**滿足

$$\frac{\partial U}{\partial x} = \frac{\partial V}{\partial y} \tag{7.7}$$

$$\frac{\partial V}{\partial x} = -\frac{\partial U}{\partial y} \tag{7.8}$$

於是我們很快的就可以得到，U 和 V 各自都滿足拉普拉斯方程式

$$\frac{\partial^2 U}{\partial x^2} + \frac{\partial^2 U}{\partial y^2} = 0 \tag{7.9}$$

$$\frac{\partial^2 V}{\partial x^2} + \frac{\partial^2 V}{\partial y^2} = 0 \tag{7.10}$$

很顯然的，(7.5) 式和 (7.6) 式的函數確實都是如此。

　　所以找一個任何的一般函數，我們就得到兩個二維的函數 $U(x,$ $y)$ 和 $V(x, y)$，它們都是二維拉普拉斯方程式的解。它們之中的每一個函數，都代表一個可能的靜電位。我們可以選取**任意**函數 $F(\mathfrak{z})$，而它必須代表**某一個**電場的問題：實際上是兩個問題，因為 U 和 V 都是解。我們要多少個解，就可以寫出多少個，只要想出函數的形式即可。然後我們必須去找每一個解的**問題**。它看起來是反其道而行，但卻是一個可行的方法。

　　舉一個例子，我們看函數 $F(\mathfrak{z}) = z^2$ 給我們什麼物理。從這個函數我們得到 (7.5) 式和 (7.6) 式這兩個電位函數。要找哪一個問題會有 U 的解答，我們讓 $U = A$（一個常數）來解等電位面的問題：

$$x^2 - y^2 = A$$

這是直角雙曲線的方程式。給幾個不同的 A 值，我們得到一些雙曲線，如圖 7-1 所示。當 $A = 0$ 時，我們得到通過原點的對角直線的特別情形。

　　這樣一組等電位面對應於幾種可能的物理情況。第一，它代表兩個相等點電荷連線中點附近的詳細電場。第二，它代表一個導體形成的直角內附近的場。假如我們有形狀如圖 7-2 所示的兩個電極，加上不同的電位後，在標示為 C 的角落附近，其電場和圖 7-1 中原點上方的場，看起來會一樣。圖 7-1 中實線為等電位線，而與其垂直的虛線是 E 的線，其中的點或突出處，是高電場的地方，而凹陷或空處，是低電場的地方。

　　我們剛剛討論的解答，也對應於直角附近一個雙曲線形狀電極的場，或是有適當電位的兩個雙曲線電極的場。你將會注意到，圖 7-1 的場有一些有趣的性質。電場的 x 分量 E_x 為

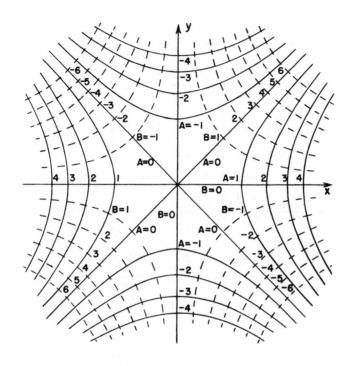

圖7-1　兩組互相垂直的曲線，它們可以代表二維靜電場的等電位面。

$$E_x = -\frac{\partial \phi}{\partial x} = -2x$$

電場與 y 軸的距離成正比。利用這種特性可以製作一種裝置，叫做四極透鏡（quadrupole lense），在粒子束的聚焦上很有用（見第29-7節）。通常是用四個雙曲線形狀的電極來得到想要的電場，如圖7-3所示。圖7-3中的電場線，是直接由圖7-1中的虛線複製而來，它代表 V = 常數的一組曲線。我們得到了一點額外的好處。由(7.7)式和(7.8)式，可得知 V = 常數的曲線和 U = 常數的曲線是互相垂直

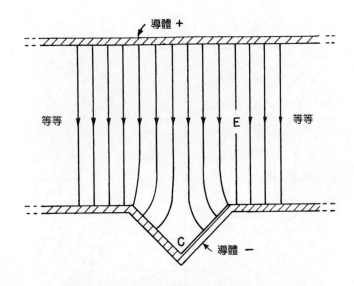

<u>圖7-2</u>　在 C 點附近的場，和圖 7-1 所示者相同。

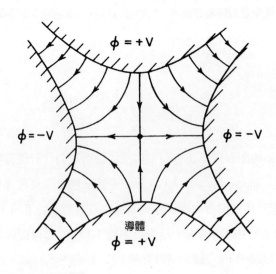

<u>圖 7-3</u>　四極透鏡的電場

的。當我們選擇一個函數 $F(\mathfrak{z})$ 時，我們從 U 和 V 得到了等電位與電場線。你將會記住，我們已經解出了兩個問題中的一個，就看你把哪一組曲線當作是等電位。

第二個例子，我們考慮下面的函數

$$F(\mathfrak{z}) = \sqrt{\mathfrak{z}} \qquad (7.11)$$

假如我們寫成

$$\mathfrak{z} = x + iy = \rho e^{i\theta}$$

其中

$$\rho = \sqrt{x^2 + y^2}$$

及

$$\tan \theta = y/x$$

於是

$$F(\mathfrak{z}) = \rho^{1/2} e^{i\theta/2}$$
$$= \rho^{1/2} \left(\cos \frac{\theta}{2} + i \sin \frac{\theta}{2} \right)$$

從此式我們得

$$F(\mathfrak{z}) = \left[\frac{(x^2 + y^2)^{1/2} + x}{2} \right]^{1/2} + i \left[\frac{(x^2 + y^2)^{1/2} - x}{2} \right]^{1/2} \quad (7.12)$$

從(7.12)式中的 U 和 V，我們將 $U(x, y) = A$ 和 $V(x, y) = B$ 的曲線畫在圖 7-4 上。跟上面一樣，有許多可能的情況可以用這些場來描

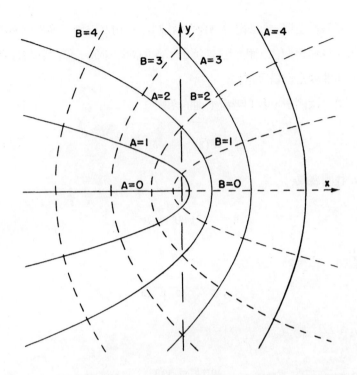

圖7-4　(7.12)式中的 $U(x, y)$ 等於常數，以及 $V(x, y)$ 等於常數的曲線。

述。其中最有趣的是靠近一個薄板邊緣的場。假如在 y 軸的右方 B = 0 的線代表一個帶電荷的薄板，則在它附近不同 A 值的曲線就是場線。它的物理情況畫在圖 7-5。

再來的幾個例子是

$$F(\mathfrak{z}) = z^{3/2} \tag{7.13}$$

它可以得到直角角落**外邊**的場；而

$$F(\mathfrak{z}) = \log \mathfrak{z} \tag{7.14}$$

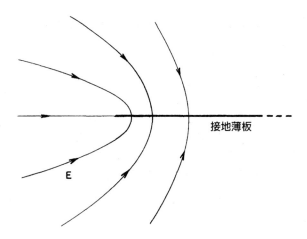

接地薄板

E

<u>圖 7-5</u>　接地薄板的邊緣附近的電場

可以得到一條帶電荷電線的場；以及

$$F(з) = 1/з \qquad (7.15)$$

可以得到類比於二維電偶極的場，即兩條靠得很近，且帶有相反符號電荷的平行線。

　　在這個課程中，我們將不再更進一步討論這個主題，而是要強調，雖然複變函數的技巧非常強而有力，但是它只限於解二維的問題，而且它屬於間接方法。

7-3 電漿振盪

　　我們現在考慮新的物理情況，它的電場不是由固定電荷決定，也不是由導體表面的電荷所決定，而是結合兩種物理現象決定的。換句話說，電場是由兩組方程式共同決定的：(1) 靜電學中的電場

與電荷分布的關係方程式，以及 (2) 其他領域的物理中，用以決定電場中電荷的位置或運動的方程式。

第一個我們要討論的例子是動態的例子，它用牛頓定律來決定電荷的運動。這種情況的一個簡單例子發生在電漿，電漿是離子化的氣體，含有離子和自由電子，並分布在空間的某個區域。游離層是大氣的上層，就是電漿的一個例子。從太陽來的紫外線，將電子從空氣分子內撞擊出來，產生自由電子和離子。在這種電漿內，正離子比電子重很多，所以相較於電子的運動，我們可以忽略正離子的運動。

用 n_0 來代表在沒有被攪動的平衡態電子密度，而這也必須是正離子的密度，因為電漿是電中性的（沒有攪動時）。現在我們假設電子在平衡態時被移動了一下，我們要問會發生什麼事。假如電子的密度在某一區域升高，則它們會互相排斥，想回到平衡時的位置。當電子向原來的位置移動時，獲得了動能，因此到達平衡位置時無法馬上停下來，而衝過了頭。於是電子會來回振盪。這種情況和聲波很類似，聲波的回復力是壓力，電漿的回復力是電子所受的靜電力。

為了簡化討論，我們只考慮所有的運動發生在一個方向的情形，就說是 x 方向吧。我們假設在時間為 t、位置在 x 的電子，從平衡位置移動了一個很小的距離 $s(x, t)$。一般而言，電子移動了，密度也會改變。密度的改變很容易計算。參考圖 7-6，原來被包圍在兩個平面 a 和 b 之間的電子，現在會變成被包圍在平面 a' 和 b' 之間。a 和 b 之間的電子數目和 $n_0\Delta x$ 成正比，**相同數目**的電子，現在被包圍在 $\Delta x + \Delta s$ 寬度的空間。密度改變為

$$n = \frac{n_0\Delta x}{\Delta x + \Delta s} = \frac{n_0}{1 + (\Delta s/\Delta x)} \tag{7.16}$$

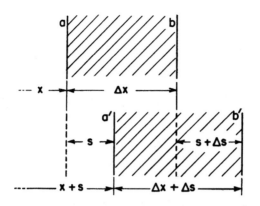

圖 7-6　電漿波內的運動。在平面 a 的電子移到 a'，而在平面 b 的電子移到 b'。

假如密度的改變很小，則我們可以改寫爲（利用 $(1+\epsilon)^{-1}$ 的二項式展開）

$$n = n_0\left(1 - \frac{\Delta s}{\Delta x}\right) \tag{7.17}$$

我們假設正離子移動得很少（因爲慣量大很多），所以密度仍然是 n_0。每一個電子的帶電量是 $-q_e$，所以在任一點的平均電荷密度爲

$$\rho = -(n - n_0)q_e$$

或者

$$\rho = n_0 q_e \frac{ds}{dx} \tag{7.18}$$

（其中我們將 $\Delta s/\Delta x$ 寫成微分形式）。

　　馬克士威方程式將電荷密度與電場連了起來，兩者尤其有以下的關係式

$$\boldsymbol{\nabla} \cdot \boldsymbol{E} = \frac{\rho}{\epsilon_0} \tag{7.19}$$

假如問題確是一維的（而且假如除了電子移動產生的電場外，沒有其他電場），電場 $\boldsymbol{E}$ 只有一個分量 E_x。由 (7.19) 式和 (7.18) 式，得

$$\frac{\partial E_x}{\partial x} = \frac{n_0 q_e}{\epsilon_0} \frac{\partial s}{\partial x} \tag{7.20}$$

將 (7.20) 式積分得

$$E_x = \frac{n_0 q_e}{\epsilon_0} s + K \tag{7.21}$$

因為當 $s = 0$ 時 $E_x = 0$，所以積分常數 K 等於零。

電子在移動後，所受的力為

$$F_x = -\frac{n_0 q_e^2}{\epsilon_0} s \tag{7.22}$$

這是回復力，它和電子位移 s 的大小成正比，因此會引起電子的諧振盪（harmonic oscillation）。電子位移的運動方程式是

$$m_e \frac{d^2 s}{dt^2} = -\frac{n_0 q_e^2}{\epsilon_0} s \tag{7.23}$$

我們看到 s 會以諧和方式變動。依時間的變化將會如 $\cos \omega t$，或者用第 I 卷的指數標示，如

$$e^{i\omega_p t} \tag{7.24}$$

由 (7.23) 式可以得到振動的頻率 ω_p：

$$\omega_p^2 = \frac{n_0 q_e^2}{\epsilon_0 m_e} \tag{7.25}$$

而它稱爲電漿頻率（plasma frequency），是電漿的一個特徵數。

在談到電子的電荷時，許多人喜歡用 e^2 來表示答案，e^2 的定義爲

$$e^2 = \frac{q_e^2}{4\pi\epsilon_0} = 2.3068 \times 10^{-28} \text{ 牛頓} \cdot \text{公尺}^2 \qquad (7.26)$$

用這個約定，(7.25) 式變成

$$\omega_p^2 = \frac{4\pi e^2 n_0}{m_e} \qquad (7.27)$$

這是你在大部分的書上會看到的形式。

因此我們發現電漿受擾動，會引起電子在平衡位置處，以自然頻率 ω_p 做自由的振動，ω_p 則和電子密度的平方根成正比。在電漿裡，電子的行爲像是一個共振系統，就像我們在第 I 卷第 23 章中描述的一樣。

電漿的自然共振有一些有趣的效應。例如，假如有人想將無線電波傳送穿過游離層，他將會發現，只有頻率大於電漿頻率的波，才能穿透過去，否則訊號將會被反射回來。假如我們想要和太空中的衛星通訊，必須用高頻率波才行。另一方面，假如我們想和地平面上的無線電台聯絡，就必須用頻率小於電漿頻率的波，訊號才會反射回地球。

另外一個有趣的電漿振盪的例子，發生在金屬裡。在金屬裡的電漿包含正離子和自由電子，由於電子密度 n_0 很高，所以 ω_p 也很高。但是我們還是可能觀察到電子的振盪。根據量子力學，自然頻率爲 ω_p 的諧振子，其相鄰兩能階的差爲 $\hbar\omega_p$。所以假如把電子射向鋁薄片，在另一邊對電子的能量做很仔細的測量，我們預期，有

時候電子會損失 ω_p 的能量給電漿振盪。而這確實發生了。第一次看到這個現象的實驗是在 1936 年，具有幾百到幾千個電子伏特的電子，在被很薄的金屬片散射時，會有跳躍式的能量損失。當時對這個現象並無法瞭解，直到 1953 年波姆（David Bohm）和潘恩斯（David Pines）* 證明說，這個觀察到的現象，可以用金屬中的電漿振盪受量子激發來解釋。

7-4 電解質中的膠體粒子

現在我們來看另一個現象，其中電荷的位置由電位決定，而這電位有一部分是由電荷自己本身產生的。最後的效應影響了膠體的一些重要行為。膠體是在水中浮懸的一些很小的帶電荷粒子，這些粒子雖然尺寸很小，但是從原子的觀點來看，仍然很大。假如這些膠體粒子不帶電，就會凝結成一大塊；但因為它們帶電，所以會互相排斥，才能保持懸浮狀態。

現在假如有一些鹽也在水中分解，鹽將分解成正離子和負離子（這種離子溶液叫電解液）。負離子會受膠體粒子吸引（假設膠體粒子的電荷是正的），而正離子則受排斥。我們將決定圍繞著膠體粒子的離子在空間中如何分布。

為使觀念簡化，我們將再度只解一維的情形。假如我們想像膠體粒子是半徑很大的球，這是從原子尺度而言！我們於是可以把膠體表面的一小部分當成平面。（當我們想要瞭解一個新現象時，最好能先做非常簡化的模型，對此模型有所瞭解後，就較有可能做更

*原注：一些最近的研究工作和參考資料，請參考 C. J. Powell and J. B. Swann, *Phys. Rev.* **115**, 869 (1959)。

精確的計算。）

我們假設離子的分布產生一個電荷密度 $\rho(x)$ 和一個電位 ϕ，兩者之間的關係遵守靜電學定律 $\nabla^2\phi = -\rho/\epsilon_0$，而當電場只在一維方向有變化時，關係式為

$$\frac{d^2\phi}{dx^2} = -\frac{\rho}{\epsilon_0} \tag{7.28}$$

現在假設有一個電位 $\phi(x)$，那麼離子會如何在其中分布呢？我們可以用統計力學的原理來決定。於是我們的問題是去決定 ϕ，而由統計力學得到的電荷密度**也會**滿足 (7.28) 式。

根據統計力學（見第 I 卷第 40 章），在一個力場中，熱平衡時粒子的分布為：在位置 x 的地方，粒子的密度 n 遵守

$$n(x) = n_0 e^{-U(x)/kT} \tag{7.29}$$

其中 $U(x)$ 是位能，k 是波茲曼常數（Boltzmann constant），而 T 是絕對溫度。

我們假設每一個離子帶有一個電子的電荷，不管是正的或負的。在離開膠體粒子表面 x 處，一個正離子的位能為 $q_e\phi(x)$，所以

$$U(x) = q_e\phi(x)$$

正離子的密度 n_+ 為

$$n_+(x) = n_0 e^{-q_e\phi(x)/kT}$$

同樣的，負離子的密度 n_- 為

$$n_-(x) = n_0 e^{+q_e\phi(x)/kT}$$

總電荷密度為

$$\rho = q_e n_+ - q_e n_-$$

即

$$\rho = q_e n_0 (e^{-q_e\phi/kT} - e^{+q_e\phi/kT}) \tag{7.30}$$

聯合上式及 (7.28) 式，我們發現電位 ϕ 必須滿足

$$\frac{d^2\phi}{dx^2} = -\frac{q_e n_0}{\epsilon_0} (e^{-q_e\phi/kT} - e^{+q_e\phi/kT}) \tag{7.31}$$

這個方程式有一般性的解法（兩邊都乘以 $2(d\phi/dx)$，然後對 x 積分），但是為了使問題盡可能簡單，在這裡我們只考慮電位很小或者溫度很高的極限情形。電位 ϕ 很小，相當於稀薄溶液的狀況。在上述兩種情形下，指數很小，因此我們可以用以下的近似

$$e^{\pm q_e\phi/kT} = 1 \pm \frac{q_e\phi}{kT} \tag{7.32}$$

代入 (7.31) 式得

$$\frac{d^2\phi}{dx^2} = +\frac{2n_0 q_e^2}{\epsilon_0 kT} \phi(x) \tag{7.33}$$

注意上式等號右邊的符號為正。因此 ϕ 的解答不是振盪解，而是指數解。

　　(7.33) 式的一般解為

$$\phi = Ae^{-x/D} + Be^{+x/D} \tag{7.34}$$

其中

$$D^2 = \frac{\epsilon_0 kT}{2n_0 q_e^2} \tag{7.35}$$

常數 A 和 B 必須由問題的條件來決定。在我們的情況，B 必須等於零，否則在 x 很大時，電位會趨近無窮大。所以我們得到

$$\phi = Ae^{-x/D} \tag{7.36}$$

其中 A 是在膠體粒子表面，即 $x = 0$ 處的電位。

如圖7-7所示，距離每增加一個長度 D，電位會遞減一個比例 $1/e$。D 的值叫做**德拜長度**（Debye length），它量度的是電解液中，大的帶電荷粒子被離子包圍的厚度。(7.35) 式告訴我們，當離子的密度（n_0）增加，或溫度減低，這個鞘（sheath）的厚度會減小。

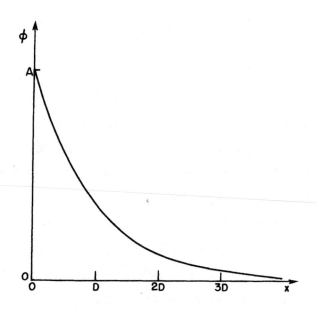

圖7-7 靠近一個膠體粒子表面附近電位的變化。D 是德拜長度。

假如我們知道膠體粒子表面的電荷密度 σ，則 (7.36) 式的常數 A 很容易就可以求出來。我們知道

$$E_n = E_x(0) = \frac{\sigma}{\epsilon_0} \tag{7.37}$$

但是 E 也是 ϕ 的梯度：

$$E_x(0) = -\left.\frac{\partial \phi}{\partial x}\right|_0 = +\frac{A}{D} \tag{7.38}$$

從此式，我們得到

$$A = \frac{\sigma D}{\epsilon_0} \tag{7.39}$$

將結果代入 (7.36) 式，我們得到（取 $x = 0$）膠體粒子表面的電位為

$$\phi(0) = \frac{\sigma D}{\epsilon_0} \tag{7.40}$$

你會注意到這個電位與平行板電容器的電位差相同，如果平行板電容器兩板的距離是 D，而面電荷密度是 σ。

我們曾經提過，膠體粒子是因為靜電力才互相排斥分散。但是現在我們看到粒子受離子包圍，粒子周圍出現一層離子鞘，使得粒子表面附近的電場因此減小。假如離子鞘的厚度夠小的話，則粒子有不小的機會互相碰撞。它們會黏在一起，進而凝結後從液體中沈澱出來。從我們的分析，我們瞭解為何在膠體中加入夠多的鹽，會使粒子沈澱出來。這個過程叫做「膠體鹽析」。

另外一個有趣的例子是鹽溶液對蛋白質分子的效應。蛋白質分子是複雜、可彎曲的長胺基酸鏈。蛋白質分子上的帶電量並不固定，有時會有淨電荷，電荷會沿鏈上分布，假設這淨電荷是負的，因為負電荷的互斥，蛋白質鏈會伸直。假如也有相似的分子存在於溶液中，則由於相同電荷的排斥作用，它們會互相分離。所以我們

可以有浮懸分子鏈的液體。但是假如我們加鹽到液體中，就改變了浮懸的性質。當鹽加入溶液中時，德拜距離會減小，分子鏈可以互相靠近，也可能捲在一起。假如加入夠多的鹽，分子鏈會從溶液中沈澱出來。有很多類似此種的化學效應，可以用靜電力來瞭解。

7-5 網柵的靜電場

在最後的例子裡，我們要再描述另一個有趣的電場性質。這個性質在電器裝置的設計上、在眞空管的製造上，甚至其他用途也用得到。這是帶電網柵附近電場的特性。爲了使問題盡可能簡單，我們考慮在一個平面上，平行電線形成的列陣，並假設線無窮長，相鄰線與線之間的距離都相同。

假如我們在離電線平面很遠的地方來看電場，會看到一個到處都固定的電場，電荷彷彿均勻分布在平面上。當我們靠近電線網時，電場開始偏離遠處看到的均勻場。我們如果想要估計要離網多近，要能看到電位有可觀的變化才行。圖 7-8 畫出幾個和網有不同距離的等電位略圖。距離網愈近，變化愈大。當我們沿平行於網的方向走時，看到電場會有週期型態的起伏。

我們曾經看過（第 I 卷第 50 章），任何週期性變化的量，都可以用正弦波的和來表示（傅立葉定理）。讓我們來找找看，是否有合適的諧函數會滿足我們的場方程式。

假如電線是在 xy 平面，並與 y 軸平行，我們可以試試類似以下的項

$$\phi(x, z) = F_n(z)\cos\frac{2\pi nx}{a} \tag{7.41}$$

其中 a 是線與線之間的距離，而 n 是諧和數（harmonic number）。

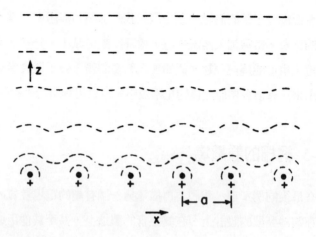

圖 7-8　帶電荷電線形成的均勻網柵上方的等電位面

（我們假設線很長，所以不會有隨 y 的變化。）一個完全解是將所有的項 $n = 1$、2、$3 \cdots\cdots$ 都加起來。

　　假如這是一個正確的電位，則它在電線上方的區域（該處沒有電荷），必須滿足拉普拉斯方程式。即

$$\frac{\partial^2 \phi}{\partial x^2} + \frac{\partial^2 \phi}{\partial z^2} = 0$$

將 (7.41) 式的 ϕ 代入上式，我們得到

$$-\frac{4\pi^2 n^2}{a^2} F_n(z) \cos \frac{2\pi nx}{a} + \frac{d^2 F_n}{dz^2} \cos \frac{2\pi nx}{a} = 0 \qquad (7.42)$$

此即 $F_n(z)$ 必須滿足

$$\frac{d^2F_n}{dz^2} = \frac{4\pi^2n^2}{a^2}\,F_n \tag{7.43}$$

所以我們必然會得到

$$F_n = A_n e^{-z/z_0} \tag{7.44}$$

其中

$$z_0 = \frac{a}{2\pi n} \tag{7.45}$$

我們發現，假如電場有諧和數爲 n 的傅立葉分支，則該分支將以指數形式遞減，其特性距離爲 $z_0 = a/2\pi n$。對於第一個諧和（$n = 1$），每一次 z 增加一個網線距離 a，振幅依因子 $e^{-2\pi}$ 而遞減（很大的遞減）。其他的諧和分支，則會隨距網線愈遠，遞減得更快。我們發現，在離開網線只有幾個 a 的距離時，電場幾乎是均勻的，即振動的項都很小。當然，「零諧和」項的場永遠存在

$$\phi_0 = -E_0 z$$

它使得在 z 很大之處的電場是均勻的。要得到完全解，我們必須將上述的項，加上類似 (7.41) 式的項的和，其中的 F_n 是由 (7.44) 式決定。係數 A_n 必須調整，使得將全部各項的和微分時，會得到和網線電荷密度 λ 相吻合的電場。

　　我們上述的方法，可以解釋爲何網狀屏幕和用實體金屬薄板，在做靜電屏蔽時，效果一樣好。除了在距離網狀幕只有幾個網線間距處外，在封閉的網狀屏幕內，電場都等於零。所以我們可以瞭解，爲何銅的網幕比實體銅薄板來得輕而且便宜，銅的網幕常用來屏蔽敏感的電器儀器，以防受到外界電場的干擾。

第8章 靜電能量

8-1 幾個電荷的靜電能量；一個均勻球

在學習力學的時候，最有趣且有用的發現之一，是能量守恆律。這個力學系統的動能和位能表示式，幫助我們瞭解系統在兩個不同時間，所處的兩個狀態之間的關係，而不需要知道中間過程的細節。我們現在要考慮靜電系統的能量。在靜電學裡，能量守恆原理也一樣有用，可以幫助我們發現一些有趣的事。

在靜電學中，交互作用能量的定律很簡單，實際上我們也已經討論過了。假設我們有兩個電荷 q_1 和 q_2，兩者相距 r_{12}。此系統帶有能量，因爲必須做功才能使兩個電荷互相靠近。我們已經算過將兩個相距很遠的電荷，使它們靠近所需要做的功。此即

$$\frac{q_1 q_2}{4\pi\epsilon_0 r_{12}} \tag{8.1}$$

從疊加原理，我們也知道假如有許多電荷在一起，其中任何一個電荷所受的力，是其他所有電荷分別對此電荷施力的總和。由此可知，一個多電荷系統的總能量，是每一對電荷互相交互作用能量的和。假如 q_i 和 q_j 是其中任兩個電荷，而 r_{ij} 是它們之間的距離（圖 8-1），這一對電荷的能量爲

$$\frac{q_i q_j}{4\pi\epsilon_0 r_{ij}} \tag{8.2}$$

總靜電能量 U 爲所有可能配對電荷的能量總和：

請複習：第 I 卷第 4 章〈能量守恆〉，以及第 I 卷第 13、14 章〈功與位能〉。

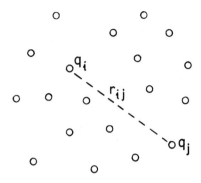

<u>圖8-1</u>　多粒子系統的靜電能量，是每一對粒子靜電能量的總和。

$$U = \sum_{\substack{\text{所有電荷對}}} \frac{q_i q_j}{4\pi\epsilon_0 r_{ij}} \tag{8.3}$$

假如我們有已知電荷密度為 ρ 的電荷分布，則 (8.3) 式的和，當然要由積分來取代。

我們將關注此能量的兩方面。一個是**應用**能量的觀念到靜電學的問題，另一個是用不同的方法**計算**此能量。有時候，計算某些特別情況時所做的功，要比計算 (8.3) 式的總和或對應的積分來得簡單。舉一個例子，我們計算電荷集合成一個電荷密度均勻的球所需要的功，此能量就是將無窮遠的電荷集合在一起所需要的功。

想像我們是將無窮薄的球殼層，持續一層層疊加成球。在這個過程的每一個階段，我們集合很小量的電荷，放在由 r 到 $r+dr$ 的薄層上。我們繼續此過程，直到半徑為 a（圖8-2）。假如 Q_r 為半徑建構到 r 時的電荷量，則將電荷 dQ 帶到球上所做的功為

$$dU = \frac{Q_r\, dQ}{4\pi\epsilon_0 r} \tag{8.4}$$

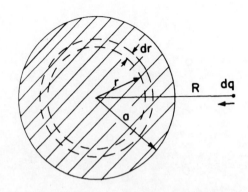

圖 8-2　一個均勻帶電球的能量，可以從假想它是由連續集合球殼組成
　　　　而求出來。

假如球的電荷密度是 ρ，則電荷 Q_r 為

$$Q_r = \rho \cdot \frac{4}{3}\,\pi r^3$$

而電荷 dQ 為

$$dQ = \rho \cdot 4\pi r^2 \, dr$$

方程式 (8.4) 變成

$$dU = \frac{4\pi\rho^2 r^4 \, dr}{3\epsilon_0} \tag{8.5}$$

　　組合成球所需要的總能量，是將 dU 做積分，由 $r = 0$ 積到 $r = a$，即

$$U = \frac{4\pi\rho^2 a^5}{15\epsilon_0} \tag{8.6}$$

假如我們想用球上的總電荷 Q 來表示，則上式變成

$$U = \frac{3}{5} \frac{Q^2}{4\pi\epsilon_0 a} \qquad (8.7)$$

這個能量與總電荷的平方成正比，而和半徑成反比。我們也可以將 (8.7) 式解釋成，球上每成對兩點的 $(1/r_{ij})$，平均值是 3/5a。

8-2 電容器的能量；作用於帶電導體的力

我們現在考慮將電容器充電所需的能量。假如將電荷 Q 由電容器中的導體拿出來，放到另一個導體上，則這兩個導體的電位差為

$$V = \frac{Q}{C} \qquad (8.8)$$

其中 C 是電容器的電容。將此電容器充電，做了多少功？如同將球充電一樣，我們想像電容器的充電，是持續將很小量的電荷 dQ 由一個電板移到另一個電板上。將電荷 dQ 由一個板移到另一個板所需的功為

$$dU = V \, dQ$$

將 (8.8) 式中的 V 代入上式，我們得到

$$dU = \frac{Q \, dQ}{C}$$

將上式積分，電荷由零積到 Q 得到

$$U = \frac{1}{2} \frac{Q^2}{C} \qquad (8.9)$$

此能量可以改寫為

$$U = \tfrac{1}{2}CV^2 \qquad (8.10)$$

回憶一下，導電球的電容（相對於無窮遠處）為

$$C_{球} = 4\pi\epsilon_0 a$$

則從(8.9)式，我們馬上得到一個帶電荷導電球的能量為

$$U = \frac{1}{2} \frac{Q^2}{4\pi\epsilon_0 a} \tag{8.11}$$

這當然也是總電荷為 Q 的薄**球殼**的能量，而這能量是(8.7)式均勻帶電荷球的 5/6 而已。

我們現在考慮靜電能量觀念的應用。思考以下的兩個問題：電容器兩電板間的力是多少？或者，對有轉軸的帶電荷導體而言，當有相反電荷導體存在時，所受的力矩是多少？這兩個問題用(8.9)式電容器靜電能量的結果，以及虛功原理（第 1 卷第 4、13 及 14 章）就很容易得到答案。

讓我們用這個方法，求出平行板電容器兩板間的力。假如我們想像兩板間的距離，增加一個很小的量 Δz，則外力移動電板所需的力學能為

$$\Delta W = F \Delta z \tag{8.12}$$

其中 F 為兩板間的力。這個功必須等於電容器增加的靜電能。

由(8.9)式，電容器原來的能量為

$$U = \frac{1}{2} \frac{Q^2}{C}$$

能量的改變（假如我們讓電荷量不變）為

$$\Delta U = \frac{1}{2} Q^2 \Delta\left(\frac{1}{C}\right) \tag{8.13}$$

讓 (8.12) 式和 (8.13) 式相等，我們得到

$$F \, \Delta z = \frac{Q^2}{2} \, \Delta \left(\frac{1}{C} \right) \qquad (8.14)$$

上式可以改寫爲

$$F \, \Delta z = - \frac{Q^2}{2C^2} \, \Delta C \qquad (8.15)$$

當然，力是由於兩板上電荷吸引力而來，但是我們看到，我們並不需要知道電荷如何分布，只要知道電容 C 就可以了。

　　我們很容易瞭解，這個觀念可以推廣到任何形狀的導體，以及力的其他分量。在 (8.14) 式中，我們可以將 F 換爲我們想求的分量，同時將 Δz 換爲對應方向的很小的位移。或者假如我們有一個具有樞軸的電極，我們想要知道作用於它的力矩 τ，我們將虛功寫爲

$$\Delta W = \tau \, \Delta \theta$$

其中 $\Delta \theta$ 是很小的角位移。當然 $\Delta(1/C)$ 必須是 $1/C$ 對應於 $\Delta \theta$ 而產生的改變量。作用於如圖 8-3 所示型態的可變電容器中活動電板的力

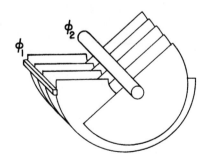

圖8-3　作用於可變電容器的力矩爲多少？

矩，我們可以用這個方法求出。

　　現在我們回到平行板電容器的特殊例子，我們可以用第 6 章導出來的電容公式

$$\frac{1}{C} = \frac{d}{\epsilon_0 A}$$ (8.16)

其中 A 是每一個板子的面積。假如我們將板子相隔的距離增加 Δz，則

$$\Delta\left(\frac{1}{C}\right) = \frac{\Delta z}{\epsilon_0 A}$$

由 (8.14) 式，我們得到兩板之間的力為

$$F = \frac{Q^2}{2\epsilon_0 A}$$ (8.17)

　　讓我們把 (8.17) 式看得更仔細一點，看看是否能知道力是從哪裡來的。假如我們將每一個板子上的電荷寫為

$$Q = \sigma A$$

(8.17) 式可以改寫為

$$F = \frac{1}{2} Q \frac{\sigma}{\epsilon_0}$$

而因為兩板之間的電場為

$$E_0 = \frac{\sigma}{\epsilon_0}$$

於是

$$F = \tfrac{1}{2}QE_0$$ (8.18)

也許我們很容易就可以猜出，作用於一個板子的力量，等於板子上的電荷 Q 乘以作用於它的電場。但是我們有一個令人意外的因子：$\frac{1}{2}$。理由是 E_0 並不是**作用於**電荷的場。假如我們想像板子表面上的電荷，占據一個薄層，如圖 8-4 所示，則電場將由薄層內界面的零，變化到板子外面空間的 E_0。作用於表面電荷的平均電場是 $E_0/2$。這是在 (8.18) 式中有 $\frac{1}{2}$ 這個因子的原因。

你應該已經注意到在計算虛功時，我們假設電容器上的電荷是常數，也就是說它並沒有用電線連到其他東西，所以總電荷不變。

假設我們在做虛位移時，假想兩板間的電位差保持固定。如此我們必須取

$$U = \tfrac{1}{2}CV^2$$

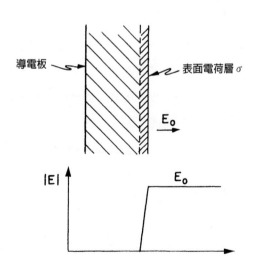

圖8-4　當我們穿過導體表面的電荷層時，導體表面的電場由零變化到 $E_0 = \sigma/\epsilon_0$。

而 (8.15) 式必須由下式取代

$$F\Delta z = \tfrac{1}{2}V^2\,\Delta C$$

此式的力和 (8.15) 式所得的力，大小一樣（因為 $V = Q/C$），但是正負號卻相反！當然在我們把電容器充電的電源斷掉時，兩板間的力，正負號是不會改變的。同時我們知道兩板帶有相反符號的電荷，其間的力必須是吸引力。虛功原理在應用到第二種情形時用錯了：我們沒有把作用於充電源的虛功算進去。當電位差保持固定，而電容改變時，電荷源必須供給 $V\,\Delta C$ 的電荷量。但是電荷量的供給是在電位為 V 時，所以電源系統在電位差保持固定時，所供給的功是 $V^2\,\Delta C$。力學的功 $F\,\Delta z$ 加上靜電的功 $V^2\,\Delta C$，共同組成電容器能量的改變 $\tfrac{1}{2}V^2\,\Delta C$。因此和上面一樣，$F\,\Delta z$ 是 $-\tfrac{1}{2}V^2\,\Delta C$。

8-3 離子晶體的靜電能量

我們現在考慮一個應用於原子物理的靜電能量觀念。我們不容易測量兩原子間的力，但是我們常對原子的不同排列方式，所產生的能量差有興趣，例如化學改變的能量。因為原子力基本上是靜電力，化學能有一大部分是靜電能。

舉一個例子，讓我們考慮一個離子晶格的靜電能。像 NaCl 的離子晶體，是由正離子和負離子組成的，每一個離子都可以想為一個硬球。它們由靜電相吸直到互相靠在一起，如更靠近就會有排斥力產生，而且排斥力上升得很快。

所以，我們的第一階近似，是想像一組硬球來代表鹽晶體中的原子。此種晶體的結構，已經用 X 射線繞射法決定了。它是像是三維棋盤的立方體晶格。圖 8-5 顯現出晶體截面圖，其中兩個離子的

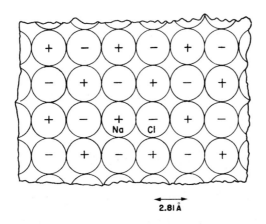

2.81 Å

圖 8-5　鹽晶體的原子尺寸截面圖。與此截面垂直的兩個截面的棋盤上
　　　　的 Na 和 Cl 離子排列，和此截面相同（見第 I 卷，圖 1-7）。

距離是 2.81 埃（= 2.81 × 10^{-8} 公分）。

　　假如我們對此系統的想像圖是正確的，我們可以問以下的問
題，來印證一下它是否正確：拉開所有這些離子（也就是將晶體完
全分解成離子）需要多少能量？此能量必須等於 NaCl 的蒸發熱，
加上分子分解成離子所需的能量。實驗上測得將 NaCl 分解成離子
的總能量是，每一個分子 7.92 電子伏特。利用轉換公式

$$1 \text{ 電子伏特} = 1.602 \times 10^{-19} \text{ 焦耳}$$

以及一個莫耳（mole）的分子數目，也就題亞佛加厥數（Avogadro's
number）為

$$N_0 = 6.02 \times 10^{23}$$

蒸發的能量也可以寫為

$$W = 7.64 \times 10^5 \text{ 焦耳／莫耳}$$

物理化學家喜歡用千卡做為能量的單位，1千卡是4190焦耳；所以每分子1 eV（電子伏特）就是每莫耳23千卡。於是化學家會說NaCl的分解能量是

$$W = 183 \text{ 千卡／莫耳}$$

我們是否能夠用理論方法計算，要拉散這個晶體需要做多少功，而得到上面的化學能？根據理論，此功是所有成對離子的位能總和。要算這個總和最簡單的方法是，先選定某一個離子，然後計算它和其他每一個離子的位能。這個能量將會是每一個離子能量的**兩倍**，因為能量是**每一對**離子所共有的。假如我們要某求一個離子的能量，就必須取和的一半。但是我們想要的是**每一個分子**的能量，每一個分子有兩個離子，所以我們求出來的和，就是每一個分子的能量。

一個離子和最靠近的相鄰離子的能量是 e^2/a，其中 $e^2 = q_e^2/4\pi\epsilon_0$，而 a 是兩離子中心的間距。（我們考慮的是一價離子。）這個能量是 5.12 eV，我們看到它的數量級是對的。但是我們必須算的是無窮多項的和，所以仍要做很多工作才能得到結果。

讓我們先計算在一直線上的離子，產生的各項能量和。考慮在圖 8-5 中，假設標示為 Na 的離子是我們選定的離子。我們首先考慮與此離子在同一水平線上的所有其他離子。有兩個最靠近的 Cl 離子，它們帶有負電荷，這兩個離子與 Na 的距離都是 a。再來是兩個正離子，距離是 $2a$，等等。我們將這個能量的和叫做 U_1，我們得到

$$U_1 = \frac{e^2}{a} \left(-\frac{2}{1} + \frac{2}{2} - \frac{2}{3} + \frac{2}{4} + \cdots \right)$$
$$= -\frac{2e^2}{a} \left(1 - \frac{1}{2} + \frac{1}{3} - \frac{1}{4} + \cdots \right) \qquad (8.19)$$

這個級數收斂得很慢，所以不容易用數值計算求出來。但是它的值為已知，等於 $\ln 2$。所以

$$U_1 = -\frac{2e^2}{a} \ln 2 = -1.386 \frac{e^2}{a} \qquad (8.20)$$

現在考慮上面相鄰線上的離子。最靠近的是負離子，距離是 a。再來有兩個正離子，距離是 $\sqrt{2}\,a$。再下一對的距離是 $\sqrt{5}\,a$，再來的距離是 $\sqrt{10}\,a$，等等。所以整條線上，我們得到以下的級數

$$\frac{e^2}{a} \left(-\frac{1}{1} + \frac{2}{\sqrt{2}} - \frac{2}{\sqrt{5}} + \frac{2}{\sqrt{10}} \cdots \right) \qquad (8.21)$$

這種線全部有**四條**：上、下、前、後各有一條。再來有四條最靠近的對角線，以此類推。

假如你很有耐心的算出所有的線，並將它們加起來，得到總和會是

$$U = -1.747 \frac{e^2}{a}$$

這只比我們算第一條線的結果(8.20)式多一點而已。利用 $e^2/a = 5.12$ eV，我們得到

$$U = -8.94 \text{ ev}$$

這個答案比實驗的觀察值多了約 10%。這證明了，我們認為整個晶格是由庫侖靜電力結合的觀念，基本上是對的。這是我們第一次經由原子物理的知識，得到巨觀物質的特定性質。我們將來還會有更多這類的例子。嘗試用原子行為的法則，來瞭解大塊物質材料性質的學問，叫做**固態物理學**（solid-state physics）。

現在來看為何我們的計算會有誤差？為何結果不是很準確？問題出在離子間近距離的互斥。離子不是完全的硬球體，當它們靠得很近時，會有部分受擠壓。因為它們並不是很軟，所以只稍微扁平一些而已。變形時需要能量，這一些能量在離子被分開時會釋放出來。所以在分開這些離子時，所需要的實際能量比計算出來的要少一點點；排斥力幫忙克服了靜電吸引力。

我們是否有方法估算排斥力的貢獻？假如我們知道排斥力的定律，就可以用它來計算。在本課程這個階段，我們尚未準備對這個排斥機制做仔細分析，但是我們可以從大尺度的測量，得到這個機制的一些特性。

測量整個晶體的**壓縮係數**，可能可以得到離子間排斥力定律的定量關係，從而得到它對能量的貢獻。用這個方法，有人算出排斥力的能量是靜電吸引能量的 1/9.4，當然正負號是相反的。假如我們把純靜電能量減去此能量，得到整個晶體被分解的能量，平均每一個分子是 7.99 eV。這和觀測到的能量 7.92 eV 接近許多，但仍未完全吻合。

我們仍然未考慮一件事，就是晶體可以有振動動能。假如把振動效應的修正也考慮進去，我們將得到和實驗值相當接近的數值。所以這些觀念都是正確的，類似 NaCl 這種晶體的能量，主要是由靜電貢獻的。

8-4 原子核的靜電能量

　　我們要再討論原子物理中，另一個靜電能量的例子。在此之前，我們必須先討論讓質子和中子在原子核內的主要力量（核力）的一些性質。早期，在發現原子核以及構成它們的質子和中子的那一段時日，物理學家原先期望在兩個質子之間，有很強的非靜電力，這個力滿足一個簡單的定律，例如靜電力和距離平方成反比的定律。

　　一旦這個力的定律，以及質子和中子、中子和中子之間力的定律都確定了，這些粒子在原子核內的行為，就可以完全用理論來描述了。因此有一個很大的研究計畫，開始研究質子之間的散射，希望能找到它們之間的力的定律。然而經過三十年的努力，仍沒得到任何簡單的結果。倒是累積了大量關於質子和質子之間作用力的知識，它告訴我們這個力有多複雜就多複雜。

　　「有多複雜就多複雜」的意思是，這個力和很多因素有關，包含任何可能的因素。

　　首先，這個力和兩個質子之間的距離，不是簡單的函數關係。距離大時，兩者之間有吸引力，但是近距離時，則有排斥力。力和距離之間的關係，是一個很複雜的函數，而且這個函數至目前為止，尚未完全知曉。

　　第二，這個力和兩個質子的自旋方向有關。每一個質子都有自旋，而兩個交互作用的質子，自旋產生的角動量可以是同方向或反方向的。兩個自旋同方向或反向時，交互作用力是不相同的，如圖 8-6(a) 和 (b)。兩者之差相當大，不是一個小的效應。

　　第三，如圖 8-6(c) 和 (d)，當兩個質子分離的方向和它們的自旋

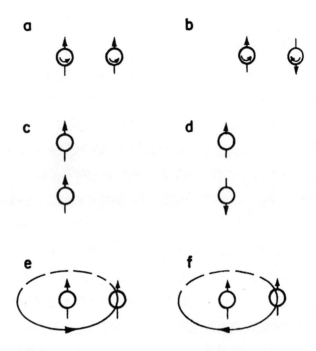

圖 8-6   兩個質子之間的力，和所有可能的參數都有關係。

方向**平行**時，其力的大小，與當兩個質子分離的方向和它們的自旋方向**垂直**時（如圖 8-6(a) 和 (b)），有相當的差異。

第四，力的大小和質子的速度有關，這點和磁力相似，只是在這裡其相關性比磁力要大許多。而這個與速度相關的力，並不是相對論效應，因為它在速度比光速小很多時，仍然很大。另外，此部分的力除了和速度的大小有關外，也和其他的量有關。例如，當一個質子在另一個質子附近運動時，如果其軌道運動的旋轉方向與它的自旋方向同向（如圖 8-6(e)），力的大小會和軌道運動的旋轉方向和它的自旋方向反向時（如圖 8-6(f)）不一樣。這叫做「自旋軌道」

（spin orbit）部分的力。

　　質子和中子之間的力，以及中子和中子之間的力，也同等複雜。到目前爲止，我們尚不知道這些力的機制是什麼，也就是說，沒有簡單的說法去瞭解它們。

　　然而，有一個重要的說法，使核力可以**更簡單**的呈現。就是說，兩個中子之間的**核**力，與一個質子和一個中子之間的力相同，而後者也與兩個質子之間的力相同！在任何原子核的情況，如果我們將質子換成中子（或將中子換成質子），則**核交互作用**不會改變。這些力會相等的「基本理由」並不清楚，但是它卻是一個重要的原理，可以推廣到其他強作用力粒子的交互作用定律，例如 π 介子以及「奇異」粒子。

　　這個事實，可以用相類似的原子核的能階位置，得到很好的說明。我們考慮 B^{11}（硼 11）的原子核，它由 5 個質子和 6 個中子組成。在此原子核中，這 11 個粒子以最複雜的動態做交互作用。在所有可能的交互作用中，有一個型態有最低的能量，是此原子核的正常狀態，叫做**基態**（ground state）。假如此原子核被攪動了（例如受高能量的質子或其他粒子撞擊），則它可能跑到其他可能的型態，叫做**受激態**（excited state）。

　　每一個受激態有其特徵能量，而且能量比基態的高。在核物理的研究中，這些受激態的能量和其他性質是由實驗測量來的，例如用凡德格拉夫起電機所做的實驗（加州理工學院的凱洛格與史隆實驗室有此設備）。圖 8-7 左半部畫了一維的已知 B^{11} 原子核最低的 15 個受激態的能量。最底下的水平線代表基態的能量。第一受激態比基態高出了 2.14 MeV 的能量，次一個能量則比基態高出了 4.46 MeV 等等。核物理的研究，是想要解釋這個相當複雜的能階型態；但是到目前爲止，尚未有一個完整且廣泛性的核能階理論。

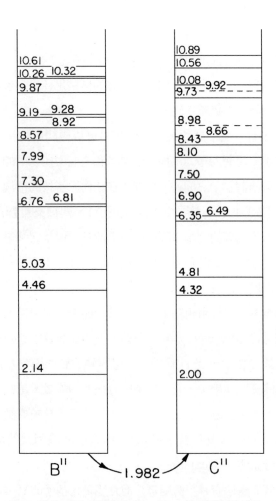

圖 8-7　B^{11} 和 C^{11} 的能階（單位為 MeV）。C^{11} 基態的能量比 B^{11} 高出 1.982 MeV。

假如我們將 B^{11} 中的一個中子換成質子，它將變成碳的同位素 C^{11}。其最低的 16 個受激態的能量，也由實驗測量出來了，並畫在圖 8-7 的右半部。（虛線部分表示實驗結果可能有問題）。

仔細看圖 8-7，我們發現這兩個原子核的能階型態，有相當驚人的相似。第一受激態的能量大約比基態高出 2 MeV。到第二受激態有較大的能隙，大小約 2.3 MeV，再上來則以 0.5 MeV 的小能隙躍至第三能階。第四和第五能階則又有大的能量間隙，而第五和第六則有一個約 0.1 MeV 的小能階差距，等等。在第十個能階以上，兩個原子核能階之間看起來好像失去對應性，但是假如我們定義出別的特性來標示，還是有一些關連性可尋，例如比較它們的角動量，以及它們如何失去其多餘的能量。

B^{11} 和 C^{11} 能階模式的驚人相似，當然不是巧合，而必定會揭露一些物理定律。事實上，這證明了甚至在複雜情況的原子核內，將一個中子換成質子，情況改變得很少。這只能解釋為，中子和中子以及質子和質子之間的力，幾乎是完全一樣的。只有這樣，我們才能期待一個有 5 個質子與 6 個中子的核，和一個有 6 個質子和 5 個中子的核，有相同的核組態。

我們注意到，這兩個原子核的性質並沒有告訴我們，質子和中子之間力的任何訊息，因為兩個原子核的質子和中子組成數相同。但是假如我們比較另外兩個原子核 C^{14} 和 N^{14}，它們的能階也有相類似的對應，其中 C^{14} 有 6 個質子與 8 個中子，而 N^{14} 的質子和中子數各有 7 個。由此我們可以得到以下的結論：p-p、n-n 和 p-n 之力完全相同，無論它們有多複雜。我們得到核力定律中出乎預料的一個原理。雖然每一對核粒子之間的力都非常複雜，但是三種可能不同配對之間的力卻是相同的。

但是仍有一些小地方是不同的。能階並沒有完全準確的對應：C^{11} 基態的絕對能量（它的質量）比 B^{11} 基態高出 1.982 MeV。其他各能階也都高出此一相同的絕對能量。所以這幾個力並不完全相等。但是我們知道得很清楚，**全部**的力並不完全相等；兩個質子因

爲帶有正電荷，所以兩者之間有**靜電力**，而兩個中子之間就沒有此靜電力。我們是否就可以因爲兩個質子之間有靜電交互作用，來解釋 B^{11} 和 C^{11} 兩者的不同？甚至，也許剩下的能階微小差異，是由於靜電效應而來？因爲核力要比靜電力大很多，靜電效應對這些能階來說，只是一個很小的微擾效應而已。

爲了要檢驗這個想法，或者應該說要看看這個想法的結果如何，我們首先考慮這兩個原子核的基態能階差異。我們用一個很簡單的模型，假設原子核是一個半徑爲 r（尙待決定）的球，其中帶有 Z 個質子。假設原子核的電荷是均勻的球體，我們預期靜電能將會是（由 (8.7) 式而來）

$$U = \frac{3}{5} \frac{(Zq_e)^2}{4\pi\epsilon_0 r} \tag{8.22}$$

其中 q_e 是質子的基本電荷。因爲對 B^{11} 而言 Z 是 5，而對 C^{11} 而言 Z 是 6，所以兩者的靜電能是不同的。

然而由於質子數很少，(8.22) 式並不完全正確。假設每一個質子是點電荷，並均勻分布在球內，以此計算所有成對質子的靜電能，我們發現 (8.22) 式中的 Z^2 必須由 $Z(Z-1)$ 取代，所以能量是

$$U = \frac{3}{5} \frac{Z(Z-1)q_e^2}{4\pi\epsilon_0 r} = \frac{3}{5} \frac{Z(Z-1)e^2}{r} \tag{8.23}$$

假如我們知道原子核的半徑 r，我們可以用 (8.23) 式來求 B^{11} 和 C^{11} 靜電能的差。但是我們可以反向來做，假設兩個原子核的能量差完全是由靜電而來，則用觀測到的能量差，可以來計算半徑 r。

然而這並不完全正確。B^{11} 和 C^{11} 的基態能量差是 1.982 MeV，其中包括所有粒子的靜能量，也就是 mc^2 的能量。我們將 B^{11} 的一

個中子換成質量較小的一個質子加一個電子，它就變成 C^{11} 了，所以能量差包含了「中子」與「質子加電子」的靜能量差，大小是 0.784 MeV。所以靜電能量差要比 1.982 MeV 還要大；它是

$$1.982 + 0.784 = 2.786 \text{ Mev}$$

將此能量代入 (8.23) 式，我們求得 B^{11} 或 C^{11} 的半徑為

$$r = 3.12 \times 10^{-13} \text{ 公分} \qquad (8.24)$$

這個數值有任何意義嗎？要驗證它，我們必須將這個數值與用其他方法決定出來的原子核半徑來比較。例如我們可以觀測高速粒子如何受原子核散射，以此測量原子核半徑。事實上，從已經做過的這種測量，我們發現所有原子核的質量**密度**幾乎都相同，也就是說，原子核的體積和內部的粒子數成正比。假如我們用 A 來表示原子核內質子和中子數的和（它幾乎和其質量成正比），我們發現其半徑滿足以下公式

$$r = A^{1/3} r_0 \qquad (8.25)$$

其中

$$r_0 = 1.2 \times 10^{-13} \text{ 公分} \qquad (8.26)$$

從這些測量，我們預期 B^{11}（或 C^{11}）的原子核半徑為

$$r = (1.2 \times 10^{-13})(11)^{1/3} = 2.7 \times 10^{-13} \text{ 公分}$$

將上式的值和 (8.24) 式的結果比較，我們可以看出，我們將 B^{11} 和 C^{11} 的能量差完全歸之於靜電能，是一個不錯的假設，其誤差大

約是 15%（這是我們第一個關於原子核的計算，成果還算不錯）。

　　以下說明誤差的可能來源。根據目前我們對原子核的瞭解，偶數的核粒子（在 B^{11} 是 5 個中子加上 5 個質子）會形成一種**核心**；當另外一個粒子加進此核心，它不是被吸核心，而是在外圍繞著核心轉，形成新的球形原子核。假如是這樣，這個多出來的質子，它的靜電能會跟上面所計算的不同。此時 C^{11} 比 B^{11} 多出來的能量只有

$$\frac{Z_B q_e^2}{4\pi\epsilon_0 r}$$

這是加一個質子到核心外圍所需的能量。這個值剛好是 (8.23) 式預測值的 5/6，所以新半徑的預測值是 (8.24) 式的 5/6，這使得計算值和直接測量的值更加接近。

　　從上述的吻合，我們可以得到兩個結論。其一是，靜電力定律在距離小至 10^{-13} 公分時還成立。其二是，我們證明了質子和質子、中子和中子，以及質子和中子之間的力，在非靜電力的部分，非常湊巧的都相同。

8-5 靜電場的能量

　　我們現在考慮計算靜電能的其他方法。這些方法都可以由基本的關係式，(8.3) 式導出來，即將所有的電荷對（charge-pair）的交互作用能相加起來。首先我們希望能寫出一個電荷分布的能量表示式。跟往常一樣，我們考慮每一個體積元素 dV 含有電荷量 $\rho\, dV$。於是由 (8.3) 式可以寫為

$$U = \frac{1}{2} \int_{\substack{\text{所有}\\\text{空間}}} \frac{\rho(1)\rho(2)}{4\pi\epsilon_0 r_{12}} \, dV_1 \, dV_2 \qquad (8.27)$$

注意 $\frac{1}{2}$ 這個因子，這是因爲雙重積分中的 dV_1 和 dV_2 會對每對電荷都重複計算兩次。（沒辦法寫出可以追蹤每對電荷，讓每對只計算一次的積分法。）其次，我們注意到在 (8.27) 式中對 dV_2 的積分，剛好是在 (1) 的電位。即

$$\int \frac{\rho(2)}{4\pi\epsilon_0 r_{12}} \, dV_2 = \phi(1)$$

因此 (8.27) 式可以寫成

$$U = \frac{1}{2} \int \rho(1)\phi(1) \, dV_1$$

因爲 (2) 已經不再出現，我們可以將上式簡單寫成

$$U = \frac{1}{2} \int \rho\phi \, dV \qquad (8.28)$$

這個方程式可以有以下的解釋。電荷量 $\rho \, dV$ 的位能，是該電荷量與在同一位置的電位的乘積。總能量因此是 $\phi \, dV$ 的積分，但是跟上面一樣有一個 $\frac{1}{2}$ 的因子。這是因爲在積分時把每一個能量都算了兩次。兩個電荷互相產生的能量是，其中一個電荷和另外一個電荷在該處產生的電位的乘積。或者，我們可以取第二個電荷和第一個電荷產生的電位的乘積。所以對於兩個點電荷，我們可以將能量寫成

$$U = q_1\phi(1) = q_1 \frac{q_2}{4\pi\epsilon_0 r_{12}}$$

或者

$$U = q_2\phi(2) = q_2 \frac{q_1}{4\pi\epsilon_0 r_{12}}$$

因此能量也可以寫成

$$U = \tfrac{1}{2}[q_1\phi(1) + q_2\phi(2)] \tag{8.29}$$

(8.28) 式的積分，對應於 (8.29) 式括弧中兩項的和。這是我們為何需要 $\frac{1}{2}$ 這個因子的原因。

　　一個有趣的問題是：這些靜電能存在什麼地方？也許有人會問：為何需要去關心這個問題？假如有一對交互作用的電荷，此組合有一定的能量。我們是否需要去問，此能量是位於某一個電荷？或是在另一個電荷？或是在兩者之間？這些問題也許沒有意義，我們真正知道的是：能量是守恆的。能量存在**某一個地方**的想法並不需要。

　　但是，一般而言，能量存在某一個地方**是**有意義的，例如熱能。於是我們可以**延伸**能量守恆律到以下的情況。如果某一個體積內的能量改變了，我們可以說它是由於能量流出或流入此體積。你確認知道，我們早先所說的能量守恆律，在以下的情況下仍然完全成立：假如有一些能量在某處消失了，但是它又在遠處出現，而在這兩個地方之間並未發生任何事情（即未發生任何特殊現象）。

　　所以我們現在討論能量守恆的推廣，我們可以叫它為**局部**的能

量守恆。這是說在一特定體積內能量的改變，等於能量流進或流出此體積的量。上述的局部性能量守恆確實是可能的。而在自然界，**能量守恆確實是局部性的**。我們可以找出能量存在何處，以及它如何由一個地方流向另一個地方的公式。

還有一個**物理上**的理由，使我們必須能說出能量存在何處。由重力理論，所有的質量都是重力引力的來源。由公式 $E = mc^2$ 我們也知道，質量與能量是等效的。因此所有的能量都是重力的來源。假如我們不知道能量的位置，也就不知道所有質量的位置，我們也因此無法說出重力場來源的位置。重力理論將會是不完整的。

假如我們只限制在靜電場，就眞的無法決定能量的位置。電動力學中完整的馬克士威方程式給我們更多的訊息（雖然嚴格來說，此時我們得到的答案，並不是唯一的）。因此我們將在後面的章節，再仔細討論這個問題，現在只給你靜電場特殊情況的結果，此時能量存在於靜電場存在的空間。這個結果看起來是很合理的，因爲我們知道，當電荷加速時會放射出電場。我們可以說，當光或無線電磁波，從某一個點傳到另外一點時，它們會帶著能量跟著走。但是電磁波中並沒有電荷。所以我們要說能量是存在於電磁波的位置，而不是存在於發出此波的電荷的位置。因此我們用電荷產生的場來描述能量，而不是用電荷本身來描述。事實上，我們可以證明 (8.28) 式在**數值上**等於以下的式子

$$U = \frac{\epsilon_0}{2} \int E \cdot E \, dV \qquad (8.30)$$

我們可以將上面的公式解釋爲，當有電場存在時，空間就有能量，其密度（每單位體積的能量）爲

$$u = \frac{\epsilon_0}{2} \, \boldsymbol{E} \cdot \boldsymbol{E} = \frac{\epsilon_0 E^2}{2} \tag{8.31}$$

我們將這個觀念畫在圖 8-8。

要證明 (8.30) 式和我們的靜電學定律互相吻合，我們把在第 6 章得到的 ρ 與 ϕ 的關係代入 (8.28) 式：

$$\rho = -\epsilon_0 \, \nabla^2 \phi$$

我們得到

$$U = -\frac{\epsilon_0}{2} \int \phi \, \nabla^2 \phi \, dV \tag{8.32}$$

將被積分式各項寫出來，我們有

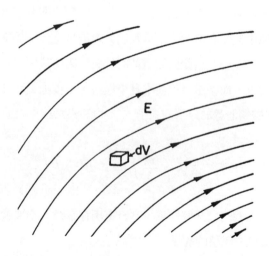

圖 8-8　在電場中，每一個體積元素 $dV = dx\,dy\,dz$ 含有能量 $(\epsilon_0/2)E^2\,dV$。

$$\phi \, \nabla^2 \phi = \phi \left(\frac{\partial^2 \phi}{\partial x^2} + \frac{\partial^2 \phi}{\partial y^2} + \frac{\partial^2 \phi}{\partial z^2} \right)$$

$$= \frac{\partial}{\partial x} \left(\phi \, \frac{\partial \phi}{\partial x} \right) - \left(\frac{\partial \phi}{\partial x} \right)^2 + \frac{\partial}{\partial y} \left(\phi \, \frac{\partial \phi}{\partial y} \right) - \left(\frac{\partial \phi}{\partial y} \right)^2 \quad (8.33)$$

$$+ \frac{\partial}{\partial z} \left(\phi \, \frac{\partial \phi}{\partial z} \right) - \left(\frac{\partial \phi}{\partial z} \right)^2$$

$$= \nabla \cdot (\phi \, \nabla \phi) - (\nabla \phi) \cdot (\nabla \phi)$$

我們的能量積分變為

$$U = \frac{\epsilon_0}{2} \int (\nabla \phi) \cdot (\nabla \phi) \, dV - \frac{\epsilon_0}{2} \int \nabla \cdot (\phi \, \nabla \phi) \, dV$$

利用高斯定理，我們可以將第二個積分改變成一個面積分：

$$\int_{\text{體積}} \nabla \cdot (\phi \, \nabla \phi) \, dV = \int_{\text{表面}} (\phi \, \nabla \phi) \cdot \boldsymbol{n} \, da \quad (8.34)$$

我們在表面跑到無窮遠處的情況做面積分（所以體積積分是對所有空間積分），並假設所有的電荷都在某個有限距離之內。簡單的方法是，取一個半徑為 R 的非常大的球面，球心則在座標原點。我們知道當距離所有電荷都很遠時，ϕ 將以 $1/R$ 的形式變化，而 $\nabla \phi$ 將以 $1/R^2$ 的形式變化。（假如電荷分布中沒有淨電荷存在，兩者將隨 R 的增加，有更快速的遞減。）因為球的表面積將以 R^2 的方式隨 R 增加，我們發現當球半徑 R 增大時，面積分將以 $(1/R) \, (1/R^2) R^2 = (1/R)$ 的方式減小。所以假如我們將積分推廣到所有空間時（$R \rightarrow \infty$），面積分將等於零，而得到以下的結果

$$U = \frac{\epsilon_0}{2} \int\limits_{\substack{\text{所有}\\\text{空間}}} (\boldsymbol{\nabla}\phi) \cdot (\boldsymbol{\nabla}\phi) \, dV = \frac{\epsilon_0}{2} \int\limits_{\substack{\text{所有}\\\text{空間}}} \boldsymbol{E} \cdot \boldsymbol{E} \, dV \qquad (8.35)$$

我們發現，我們可以將任何電荷分布的能量，寫成電場中能量密度的積分。

8-6 一個點電荷的能量

新的關係式(8.35)式告訴我們，甚至是單一的點電荷 q 也有靜電能量。這時，靜電場是

$$E = \frac{q}{4\pi\epsilon_0 r^2}$$

所以距離電荷 r 處的能量密度是

$$\frac{\epsilon_0 E^2}{2} = \frac{q^2}{32\pi^2\epsilon_0 r^4}$$

我們可以取一個面積為 $4\pi r^2$，厚度為 dr 的球殼的體積元素。全部的能量是

$$U = \int_{r=0}^{\infty} \frac{q^2}{8\pi\epsilon_0 r^2} \, dr = -\frac{q^2}{8\pi\epsilon_0} \frac{1}{r} \bigg|_{r=0}^{r=\infty} \qquad (8.36)$$

現在我們看到，在 $r = \infty$ 的極限處沒有任何困難。但是對於點電荷，我們的積分應該由 $r = 0$ 積起，它會得到無窮大的積分。雖然我們的計算，是由兩個點電荷**之間**才有交互作用能算起，但是

(8.35) 式告訴我們，由一個點電荷產生的電場，會有無窮大的能量。在我們原先計算幾個點電荷之間的能量計算公式（(8.3) 式），我們並沒有包含任何電荷與自己本身的交互作用能。

在演算的過程當中，我們將點電荷推廣到連續分布的電荷，如 (8.27) 式，我們計算每一個**無限小**電荷，和其他任何極微小電荷的交互作用能。(8.35) 式也包含了這樣的計算，所以當我們應用它到一個**有限大**的點電荷時，它的能量就包含了，構成此有限大電荷的各個極微小電荷之間的交互作用能。事實上你會發現，假如我們用表示一個帶電球能量的 (8.11) 式，並讓球的半徑趨近於零，我們就得到 (8.36) 式的結果。

我們因此得到一個結論，就是把能量看成是存在於電場的想法，與點電荷的存在是互相矛盾的。一個避免此矛盾的說法是，這些基本電荷，例如一個電子，並不是集中在一個點，而是有一個極小的電荷分布。另外一個可能是，我們的靜電學理論，在極小距離時可能出錯了，或者局部能量守恆的觀念出錯了。以上兩種觀點都有它們解釋上困難的地方。這些困難到今天為止，仍然沒有克服。在課程稍後一點，當我們討論了一些其他的觀念，例如電磁場的動量之後，我們將把對自然界的瞭解有基本困難的地方，再更完整說明。

第9章 | 大氣中的靜電

9-1　大氣中靜電位梯度

在平常的日子，在平坦的沙漠國度裡，或者在海面上，當一個人由地表往上升高時，大約每上升 1 公尺電位會升高 100 伏特。因此，在空氣中存在有 100 伏特／公尺的垂直電場 *E*。電場的正負號，相當於地表有帶負電的電荷。這表示在屋外，在你鼻子高度的電位比你腳底的電位約高出 200 伏特。也許你會問：「爲何我們不用兩個電極，插在空氣中相距 1 公尺的兩個地方，用它的 100 伏特當作我們電燈的電源？」也許你也會感到困惑：「假如在我的鼻子和腳之間**真的**有 200 伏特的電位差，爲何我走到街上不會遭到電擊？」

我們先回答第二個問題。你的身體相對來說是好的導體。假如你和地面接觸，則你和地面將形成等電位面。通常，等電位面和地表互相平行，如圖 9-1(a)所示。但是你站在那裡，等電位面會變形，電場的形狀會大致如圖 9-1(b)所示。所以你的頭和腳之間的電位差，還是非常接近零。地面上有一些電荷跑到你的頭上，改變了電場。這些電荷和空氣中的離子有可能發生放電現象，但因爲空氣是不良導體，所以產生的電流很小。

假如放進某一個東西，會使電場改變，我們如何去測量這個電場呢？有幾個方法可以做。其中一個方法是，在地面上方某一個地方，放一個絕緣導體，讓此導體一直在那兒，直至它的電位和空氣相等。假如放的時間夠久，空氣微小的導電性，將使電荷流出（或

請參考：Chalmers, J. Alan, *Atmospheric Electricity*, Pergamon Press, London (1957)。

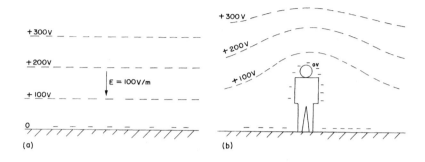

<u>圖9-1</u> (a) 地球表面的電位分布。(b) 一個人站在空曠地平面附近的電位分布。

流進）導體，直到導體的電位和該高度空氣的電位相等。此時，我們再把導體拿到地表面，看它的電位改變了多少。一個更快的方法是，讓這個導體成為一個有小漏洞的盛水桶。當水流出來時，水會帶走多餘的電荷，使桶和空氣有相同的電位。（如你所知，電荷會跑到表面層，當水滴流出時，「表面斷片」會掉下來。）我們可以用靜電計測量桶的電位差。

還有一個方法可以直接測量電位的**梯度**。因為地面上有電場，所以地表面有表面電荷的存在（$\sigma = \epsilon_0 E$）。假如我們將一塊平的金屬板放在地表面並接地，負電荷會跑到金屬板上（圖 9-2(a)）。假如有另一個接地的金屬板 B，將原來的金屬板 A 蓋住，則 B 板上會有電荷，而 A 板上的電荷會消失（圖 9-2(b)）。假如在用 B 板蓋住時，我們測量由 A 板流到地上的電荷（例如用靜電計在接地的電線上測量），我們可以找出原先在 A 板上的電荷密度，由此算出電場。

我們已經提供了測量空氣中電場的方法，現在繼續來描述它。首先，測量顯示，當離開地平面時，電場繼續存在，只是強度減弱

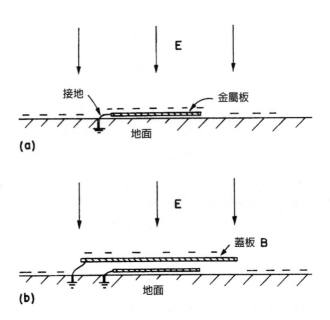

圖9-2 (a) 接地的金屬板和地球表面有相同的表面電荷。(b) 假如用另一個接地的金屬板將原先的板蓋住,原先的金屬板將不會有表面電荷。

而已。在高度約50公里處,電場非常微弱,所以電位的變化（E 的積分）發生在比較低的海拔處。從地球表面到大氣層的最高處,電位差的總值是400,000伏特。

9-2 大氣中的電流

除了電位梯度外,另一個可以度量的量是大氣中的電流。這個電流密度非常小:平行於地表面的每平方公尺約有10微微安培左右。大氣顯然不是完全的絕緣體,因為有導電性,由剛剛描述的電

場所產生的很小電流，會從高空流向地面。

爲何大氣會有導電性？散在各處的空氣分子會有離子存在，例如氧分子多得到一個電子，或跑掉了一個電子。這一些離子不會保持單一分子的型態，而會因爲它們的電場，使一些分子聚集在周邊。每一個離子因此形成一個小集團，數目不少的小集團便在電場中漂流（往上或往下緩慢的運動），構成所觀測到的電流。這些離子從哪裡來？最早有人提議說是由於地球的輻射線造成的。（那時已經知道，放射性物質放出的輻射線，會使空氣中的分子離子化，使空氣有導電性。）例如由原子核放射出來的 β 射線粒子，速度很快，可以將原子中的電子打掉，使原子變成離子。當然這個想法會有在愈高處愈少離子化的結果，因爲放射性物質都是在地面上的泥土裡，在少量的鐳、鈾和鉀等等元素所在處。

爲了要測試這個理論，有一些物理學家在懸在高處的氣球中，測量空氣的離子化的量，例如海斯（Victor F. Hess）在 1912 年的實驗，發現結果和理論相反：每單位體積離子化的量，隨海拔高度的升高而**增加**！（實驗裝置如圖 9-3 所示。把兩個電板週期性的充

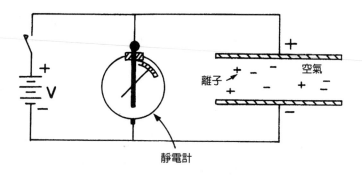

圖9-3　測量空氣的電導係數，電流是由於離子移動而產生的。

電，使它們電位差爲 V。空氣的導電性會使電板緩慢放電，用靜電計測量放電速率。）這是最神祕的結果，是整個大氣靜電歷史中最戲劇化的發現。事實上，它是如此的戲劇化，因爲它需要分支發展出一個完全新的領域：宇宙線（cosmic ray）。大氣靜電本身的變化卻不大，較不戲劇化。很明顯的，空氣分子的離子化，是由從地球外面來的某種東西產生的；對這來源進行的研究，發現了宇宙線。我們現在只說宇宙線提供了離子的供給，我們不再討論這個題目的細節。雖然這些離子隨時都被清除掉，但是外太空來的宇宙線又會產生新的離子。

講得更明確一點，除了由分子產生的離子，還有別種的離子。很小團的髒汙，例如在空氣中漂浮的灰塵，也會帶電。它們有時叫做「核」（nuclei）。例如，有海中一個波浪被打斷了，少許的水霧噴向空中。當其中一個水滴蒸發，遺留了一個非常小的 NaCl 晶體漂流在空氣中。這些很小的晶體可以抓到電荷，變成離子，稱爲「大離子」。

由宇宙線產生的小離子是移動性最強的。因爲它們很小，所以在空氣中移動得很快：在 100 伏特／公尺（或 1 伏特／公分）的場中，速度約爲 1 公分／秒。體型大很多、且重量重很多的離子，移動速度要慢很多。於是由於「大離子」移動得很慢，因此總電導係數就會降低一點。所以空氣的電導係數不是定值，因爲它與在該處「塵埃」量的多寡有很密切的關係。

在陸地上，因爲風會吹起灰塵或者人類也會在空氣中丟棄各種汙染物，塵埃比在水面上的更多。所以在不同的日子、不同的時刻、不同的地方，靠近地球表面處的電導係數差別很大，是不令人意外的。在地球表面上任何特定地方量測到的電位梯度，也是一樣有很大的差異，因爲在不同的地方，由高海拔處流向低處的電流，

大小大致相等。接近地表處的電導係數變化大，電位差的變化也
大。

　　由離子漂流產生的空氣電導係數，隨海拔高度的上升而快速增
加，這有兩個理由。第一，宇宙線產生的離子化，隨海拔高度的升
高而增加。第二，空氣密度減小，使離子的平均自由徑增加，所以
離子在電場中可以跑更長的距離才受到碰撞，因此由低處往上走
時，電導係數快速增加。

　　雖然空氣中的電流密度，每平方公尺才幾個微微安培，但是地
球表面有非常多的平方公尺。在任何時刻，到達地球表面的總電流
大致是一個常數，其值為 1,800 安培。這個電流當然是「正的」，它
帶了正電荷到地球上。所以我們有 400,000 伏特的電壓供應及 1,800
安培的電流，相當於 7 億瓦特的能源！

　　有那麼大的電流往地上流，地球上的負電荷應該很快就把電放
光了。事實上，大概只需要半個小時，這些電流就可以把整個地球
的電放光。但是大氣中的電場從發現後一直都存在，時間早就超過
半小時了。這電場是如何保持的？是什麼東西保持了電位？這電位
是地球和哪一個物體的比較？這中間有很多問題。

　　地球的電位是負的，空氣的電位是正的。假如你跑到夠高的地
方，電導係數會高到使得水平方向沒有電位差。在我們討論的時間
量級尺度，空氣可以說實質上是一個導體。這發生在約 50 公里左
右的高空上，還沒有高到所謂的「游離層」的高度，在游離層中，
來自太陽的光電效應產生非常多的離子。然而，我們討論的是空氣
的靜電，在地表上空約 50 公里處，空氣的電導係數相當大，我們
可以把該處看成是一個完全導電面，電流由此面往下流。我們講的
情況如圖 9-4 所畫。問題是：該處如何維持一直有正電荷在那兒？
正電荷如何被再抽回來？因為它們流到了地面上，總是有某種

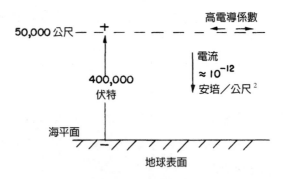

<u>圖9-4</u>　乾淨大氣中典型的靜電情況

方法把它們再抽回來。有相當一陣子，這是大氣靜電學裡的重大謎題之一。

　　我們可以得到的任何訊息，都可能給我們一些線索，或者至少告訴你一些內情。有一個有趣的現象：假如我們在海面上測量電流（它要比電位梯度穩定），或者例如在非常小心的情況下，同時非常小心的做平均，除去不規則的部分，我們仍然發現電流天天都會有變化。對在海面上非常多次的測量做平均，我們得到時間變化大致如圖9-5所示。電流的變化大致在±15%之間，而它的最大值是在英國倫敦的下午七點鐘。

　　最奇怪的部分是，不論你在**何處**測量電流：大西洋、太平洋、或北極海，它有最大值的時間，**倫敦**時間是下午七點鐘！全世界各地的電流最大值，都是發生在倫敦時間下午七點鐘，最小值出現在倫敦時間早上四點鐘。換句話說，它和地球上的絕對時間有關，**而不是**和觀察的當地時間有關。就某方面來說這並不奇怪；這和我們說地球上的高空層有很高的電導係數互相吻合，因為這個現象，使

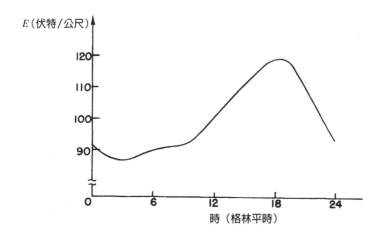

圖9-5 在晴朗日子裡測量的大氣電位梯度平均值隨時間的變化圖；時間
所示是格林平時。

得地面到高空的電位差，不可能隨地面上的不同位置而有所變化。
任何電位的變化都是全球性的，而它們的確是如此。所以我們現在
知道的是，在「上層」表面的電位，隨地球的絕對時間做 15% 的上
下起伏變化。

9-3 大氣中的電流來源

我們再來必須討論，這個由「上層」流到地表面的巨大負電流
的來源，這個電流使地面保持有負電荷。驅動這個電流的電池在哪
裡？這個「電池」顯示在圖9-6上。就是雷雨以及閃電。其實閃電
並不是使我們上面所講的電位產生「放電」的現象（也許原先你會
如此想）。雷雨的閃電帶負電荷到地表面。當閃電襲擊時，十次中
有九次，它會帶大量的**負**電荷到地球。雷雨是地球充電的主要來

圖9-6　產生大氣中電場的機制（William L. Widmayer 攝影）

源，平均電流是 1,800 安培，然後再於天氣好的地方放電。

　　地球每天大約有 300 場雷雨，我們可以想像這些雷雨是把電荷抽到高空的電池，以此保持大氣中的電位差。我們再考慮地球的地理：在巴西有午後雷雨，在非洲有熱帶雷雨等等。有人做了估計，算出一天中的每一個時間有多少閃電襲擊地球，而且不消說，這些估計和電位差的測量大致吻合：雷雨發生最多的時間大約在倫敦時間午後七時。然而雷雨的估計是非常困難的，只有在我們已經知道變化應該如何**發生後**，才能做此估計。這些估計很困難，因為我們沒有足夠的儀器，無法知道海上以及世界各地準確的雷雨數。但是這些估計者認為他們「做得正確」，並得到雷雨每日發生的高峰時間是在格林平時下午七時的結論。

　　為了瞭解雷雨這個電池如何發生作用，我們來探討雷雨的細

節。雷雨內部發生了什麼事？我們就目前的所知來描述它。當我們走進這個真正自然界的奇特現象，但它並不是在球體內含有理想化的完全導電球體，讓我們可以簡潔的解出其答案。我們發現，我們的所知的非常有限，但是雷雨確實令人興奮。任何人在雷雨中，可能享受它，或者被嚇到了，或者至少產生某種情緒。在自然界任何會讓我們有情緒的地方，通常我們會發現它有相對應的複雜或者神祕之處。我們無法準確的描述雷雨是如何發生的，因為我們知道的還不夠多。但是我們將對它做一點點的描述。

9-4 雷雨

首先，普通的雷雨是由許多互相靠得很近的「雷雨胞」構成的，但是它們之間幾乎互不相干。所以我們最好一次只分析一個胞（cell）。我們所說的「胞」是指一個區域，它的水平面積相當有限，但所有基本的過程都在其中發生。通常會有許多胞互相靠近，每個胞內發生的事情幾乎都一樣，只是可能在不同的時間發生。

圖9-7顯示理想化的胞在雷雨剛形成時的情形。結果是，在以下我們將要討論的情況中，在空氣的某個地方，空氣通常往上升，且在靠近上方處速度愈來愈快。當底部的溫濕空氣往上升時，會冷卻並且凝結成水滴。在圖中，小的叉叉符號代表雪，小黑點代表雨，但是因為往上的氣流很大，而水（雪）滴很小，所以在這個階段，雪和雨並沒有往下掉。這是開始的階段，還不是真正的雷雨：因為在地面上還沒有發生任何事情。在溫熱的空氣上升的同時，旁邊的空氣也會流進來，這是一個重要的點，卻被忽略了許多年。所以，並不是只有從底部的空氣會往上升，旁邊也會有一些空氣流進來。

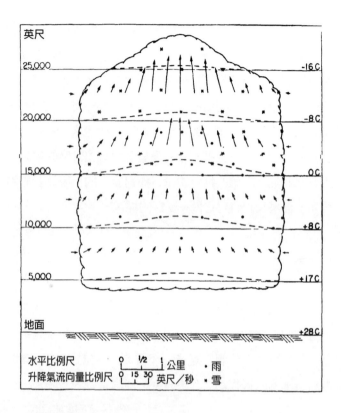

圖9-7　雷雨發展初期階段的一個雷雨胞
（資料來源：1949年6月，美國商業部氣象局報告）

　　為何空氣會像這樣往上升？你知道，當你往高海拔的地方爬，空氣會冷一點。太陽會加熱**地面**，而在大氣高處的水蒸氣，會把熱輻射回高空，所以高海拔處的空氣是冷的，而且非常的冷，但往低處走，空氣是溫暖的。你可以說：「所以很簡單，熱空氣比冷空氣輕，兩者的結合是力學上的不穩定，導致熱空氣往上升。」當然，如果不同高度的空氣有不同的溫度，則空氣在**熱力學**上是不平衡的。空氣單獨存在夠久的話，它在每一個地方都會有相同的溫度。

但太陽一直照射（白天時），所以空氣不是單獨存在的。這不是熱
力學平衡的問題，而是**力學**平衡的問題。

　　假如我們畫出如圖 9-8 這類空氣溫度對應海拔高度的圖，在一
般情況之下，我們應該得到遞減趨勢如圖中標示為 (a) 的曲線：高
度升高，溫度下降。大氣如何會穩定？為何低處的熱空氣不會單純
的上升到冷空氣中？答案是：假如空氣上升，則壓力將下降，假如
我們考慮某一包上升的空氣，則它將發生絕熱膨脹。（此時將沒有
熱流進或流出此包空氣，因為我們考慮的尺寸很大，沒有足夠的時
間產生熱流。）所以上升空氣包的溫度會下降。這絕熱過程使溫度
與高度的對應關係會如圖 9-8 中 (b) 曲線所示。任何由低處上升的

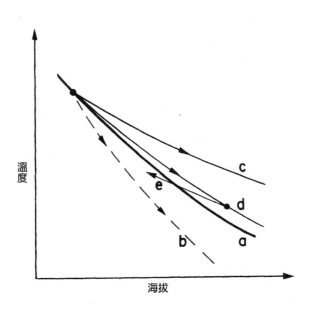

圖9-8　大氣溫度。(a) 靜態大氣；(b) 乾空氣的絕熱冷卻；(c) 濕空氣的
絕熱冷卻；(d) 濕空氣混合一些周圍的空氣。

空氣，溫度將會比它跑進去的環境還低。所以低處的熱空氣沒理由往上升；假如它真的往上升，它的溫度將下降至比原來在該處的空氣還要低，也比較重，所以還是會再往下降。在一個晴朗且濕度低的日子，大氣的溫度會有一個下降率，一般而言，此下降率會低於曲線 (b) 所示的「最大穩定梯度」。空氣於是處於穩定的力學平衡。

另一方面，假如我們考慮一個含有許多水蒸氣的空氣包，在空氣中往上升，則它的絕熱冷卻曲線將不同於上述的曲線。當它膨脹冷卻時，包含在其中的水蒸氣將會凝結成水並放出熱。所以濕空氣冷卻的程度比乾空氣小。假如有濕度比平均值大的空氣往上升，它的溫度與高度的關係將如圖 9-8 的曲線 (c) 所示。它冷卻了一些，但是比同一高度的空氣熱了一點。假如我們有一個區域的溫熱空氣，受到某種影響而上升，它將發現自己一直比周圍的空氣輕且熱，所以會一直往上升，直到非常高的高度為止。這是使雷雨胞中的空氣往上升的機制。

經過非常多年，雷雨胞的現象都是用這個簡單的說法來解釋的。但許多測量顯示，不同高度的雲，溫度沒有曲線 (c) 所標示的高。理由是，當濕空氣「氣泡」上升時，會有旁邊的空氣流進來，使它稍微冷卻。空氣溫度對應高度的圖，比較接近曲線 (d) 所示，它比較接近原來的曲線 (a)，而離曲線 (c) 較遠。

在上面所描述的對流開始進行後，雷雨胞的截面會如圖 9-9 所示。我們有一個所謂「成熟的」雷雨。在這個階段，快速的往上氣流會升高到 10,000 至 15,000 公尺，有時甚至會更高。帶有凝結水滴的雷砧（thunderhead），被速度約每小時 97 公里的往上氣流向上衝高出一般的雲帶。當水蒸氣被帶上來，並且凝結成很小的水滴時，溫度很快下降到零度以下。水滴應該會結凍，但不是馬上結凍：它們發生「過冷」現象了。在水和其他液體中，如果沒有「核」

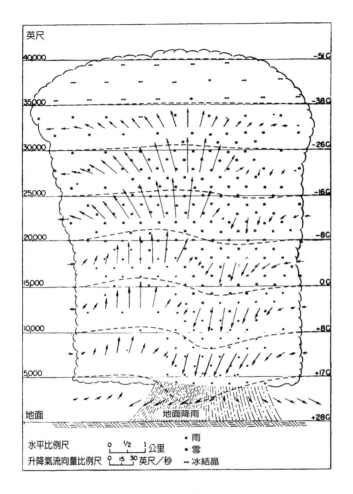

圖9-9 一個成熟的雷雨胞
（資料來源： 1949年6月，美國商業部氣象局報告）

啓動結晶過程，則常會在凝結點以下仍未結晶成固體。只有當其中有很小塊的物質存在時，例如有很小塊的NaCl結晶，水滴會凝結成一小塊冰。於是平衡會使水滴蒸發，冰結晶變大。在某一點，水滴快速消失，冰快速增加。另外，也有可能產生水滴和冰塊的直接

碰撞：碰撞使過冷的水黏在冰塊上，水因而瞬間結晶。所以在雲膨脹過程中的某一點，會快速集結很多大的冰粒子。

　　當冰粒子夠重時，它們在上升的空氣中，開始下降——冰塊太重，上升氣流無法再支撐它們往上爬。冰粒子下降時，會帶動一些空氣形成下降氣流。令人驚奇的是，我們很容易看出，下降氣流啓動後會自己保持這個流動。現在是空氣本身驅動自己下降！

　　注意，代表雲中真正溫度分布的圖 9-8 中，曲線 (d) 比代表濕空氣的曲線 (c) 來得不那麼陡。所以假如濕空氣下降，溫度會隨曲線 (c) 的斜率變化，下降的高度夠多時，溫度會比周圍的溫度**還低**，如圖中 (e) 所示。這個現象發生時，它會比周圍的密度更高，而繼續快速下降。你說：「這是不斷的運動。首先你辯說，空氣必須上升，當它上升到高空時，你也有很好的理由爭論說，它必須降落。」

　　但空氣不是不斷的運動。當情況不穩定時，熱空氣會上升，於是很明顯，必須有某種東西來取代熱空氣。同樣沒有疑問的是，上方的冷空氣有足夠的能量，下降來取代熱空氣，但是你瞭解下降的並**不是**原先的空氣。早期的論點是說，有一特定的雲塊上升，沒有其他空氣流入，然後雲塊再降下來，這種說法有一些令人困惑的地方。它們需要下雨來保持往下的氣流，這是不易讓人信服的論點。當你瞭解，有許多原先的空氣和上升的空氣混合，則熱力學的論點證明，會有一些原先在高空處的冷空氣下降。這說明了圖 9-9 所畫的活動中的雷雨的情形。

　　當空氣下降時，雨開始從雷雨的底端往下降。另外，這些空氣的溫度相對較低，到達地面時會往旁邊散開。所以在雨即將降下之前，會有一陣冷空氣預先警告我們暴雨的到來。在暴雨中會有一些快速而不規則的氣流，在雲中有強大的亂流等等。但是基本上我們有一股上升氣流，接著有下降氣流，通常這是非常複雜的過程。

雨開始降落時，也是大量空氣開始往下流之際，事實上也是靜
電現象開始出現的時刻。然而在描述閃電以前，我們可以來看雷雨
胞在約半小時到一小時之後，到底發生了什麼事，這就把整個過程
交代完了。雷雨胞如圖9-10所示。上升氣流停止了，因爲已經沒有
足夠的熱空氣來維持它。下降的水氣繼續一陣子，最後的一點水也

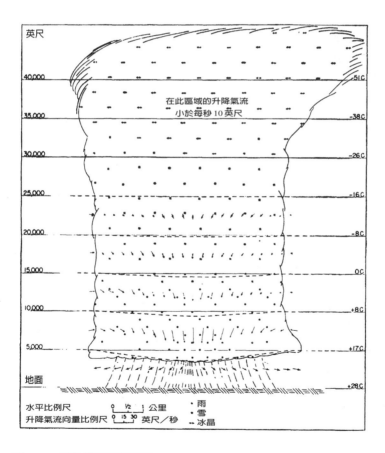

圖9-10 最後階段的雷雨胞
（資料來源：1949年6月，美國商業部氣象局報告）

出來了，雖然有一些很小塊的冰晶浮懸在空氣中，但情況變得愈來愈安靜。因為高海拔處的風，各個方向的都有，所以通常雲都會散開成鐵砧狀。胞在此到達生命終點。

9-5 電荷分離的機制

我們現在要討論議題中最重要的部分：電荷的發展。各種不同的實驗，包含穿過雷雨的飛機（進行這種飛行的飛行員是非常勇敢的！）告訴我們，雷雨胞中的電荷分布，大致如圖 9-11 所示。雷雨

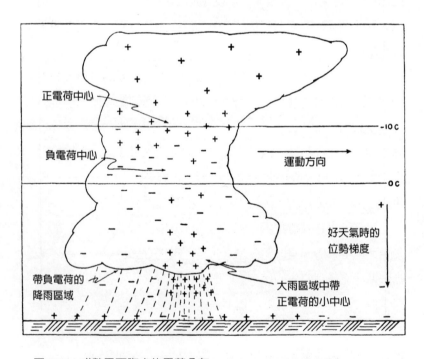

正電荷中心

負電荷中心

運動方向

-10 C

0 C

好天氣時的
位勢梯度

帶負電荷的
降雨區域

大雨區域中帶
正電荷的小中心

圖9-11　成熟雷雨胞中的電荷分布
（資料來源： 1949 年 6 月，美國商業部氣象局報告）

上方帶正電荷，下方是負電荷，但有一個例外，雲下方局部一小區域帶有正電荷，這讓所有人都擔心。沒有人知道正電荷為何會在那裡、有多重要：它也許是正電荷下降的次要效應，也許是整個機制的最主要部分。假如正電荷不在那裡，整個事情就簡單多了。無論如何，主要的負電荷在底下，而正電荷在上方，這使電池有正確的方向去讓地球帶負電。正電荷約在 6 到 7 公里的高空中，該處溫度大約在 $-20\,^\circ\text{C}$，而負電荷約在 3 到 4 公里高空，該處溫度約在零度到 $-10\,^\circ\text{C}$。

雲底層的電荷夠大，使地球和雲之間的電位差，可以達到 2 千萬或者 3 千萬、或甚至 1 億伏特，比晴朗天氣時，「天空」到地面的 40 萬伏特電位差大很多。如此大的伏特數，使空氣崩潰，產生巨大的放電弧光。崩潰發生時，雷雨底部的負電荷，隨閃電襲擊被帶到地面。

現在我們描述閃電特性的一些細節。首先，因為有很大的電位差存在，所以空氣會崩潰。閃電的襲擊發生在某朵雲的一小片和另外一朵雲的一小片之間，或某朵雲和另一朵雲之間，或一朵雲和地球之間。各個互不相干的放電閃光（你看過的那種閃電襲擊）中，大約有 20 或 30 庫侖的電荷被帶到地上。問題是：雲需要多久才能再產生由閃電帶走的 20 或 30 庫侖的電荷？這可以用測量來得知。

我們可以在遠離雲處，測量雲的偶極矩產生的電場大小。在測量中，你可以看到當閃電襲擊發生後，電場會急速下降，然後再以指數型態恢復到原先的值，其中的時間常數，不同的情形會稍有不同，但大約是 5 秒鐘左右。雷雨發生閃電後，只需約 5 秒鐘就會充電恢復原先的值。這並不是說每次閃電後，在剛好 5 秒鐘過後，又會有一次閃電襲擊，這當然是因為形狀已經改變等原因。襲擊的發生多多少少是不規則的，但是重點是只需要 5 秒鐘又會恢復原來的

狀態。所以雷雨的產生機器約有 4 安培的電流。這表示任何提出來解釋雷雨如何產生靜電的模型，必需要有很多靜電來源：它必須是一個可以快速操作的大機器。

在我們更進一步討論以前，要考慮一個幾乎確定完全無關的問題，但是它很有趣，因爲它會顯現出電場對水滴的效應。我們說它可能是沒有關係的，因爲它是可以在實驗室做的水流實驗，這實驗顯現出電場對水滴的強烈效應。雷雨中並沒有水流，有的是由凝結的冰和水滴構成的雲。所以使雷雨能運作的機制，也許和我們以下要描述的簡單實驗沒有關連。

假如你拿噴嘴連接到水龍頭，並使噴嘴有如圖 9-12 所示的向上仰角，則水剛出來時是完整的水柱，但終將散開成水滴噴霧。假如你現在於噴嘴處對水柱加上電場（例如放一枝帶電荷的棒子），水柱的形狀將會改變。加上弱電場時，你會發現水柱分裂成數個尺寸較大的水滴。但是如果你加了一個強電場，水柱會分裂成許多非常小的水滴，比以前還小。★ 弱電場有阻止水柱分裂成水滴的趨向；然而，強電場則有將水柱分裂成水滴的趨向。

上述的效應可以有如下的解釋。假如我們加電場到由噴嘴流出的水柱上，則水的一邊會帶一點點正電荷，另一邊則帶一點點負電荷。當水柱分裂時，一邊的水滴可能帶正電荷，另一邊的水滴帶負電荷，所以兩邊會互相吸引，吸引的趨勢比沒有電場、水柱不怎麼分裂時更大。另一方面，當電場很強時，每一個水滴的電荷量多了很多，此時水滴中**自身**的電荷會互相排斥而分裂。一個水滴因此會分裂成許多個更小的水滴，每一滴都帶電且互相排斥，因此很快就

★原注：有一個很容易的方法可以觀察水滴大小：讓水柱掉落在大的金屬薄板上，大的水滴有較大的撞擊聲。

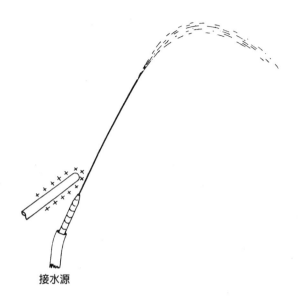

接水源

<u>圖9-12</u> 噴嘴處有電場的水柱

散開來。

我們想要強調的是，在某一些情況下，電場對水滴可能有不可忽略的影響。但我們並不完全清楚真正發生在雷雨中的機制，而且和我們剛剛描述的效應不一定有關連。把它寫出來只是讓你知道，可能有很複雜的現象牽涉其中。事實上，沒有人根據這個想法提出可以運用到雲的理論。

我們以下要描述兩個理論，解釋為何雷雨中的電荷會互相分離。兩個理論都用到了以下的概念：下降的粒子帶有電荷，以及空氣中有不同的電荷。於是由於下降粒子（水或者冰）在空氣中的運動，造成電荷分離。剩下的問題是：水（冰）滴是如何開始充電的？一個叫做「水滴破碎說」的理論，是屬於較早期的理論之一。有人發現，假如在風流動時，一滴水滴分裂為二，則水會帶正電，

空氣帶負電。這個水滴破碎說有幾個缺點，其中最嚴重的是**正負號錯了**。第二個是，在溫帶的許多雷雨都有閃電，但是在高緯度的降水效應是以冰出現，而**不是**水。

從剛剛所說的，我們發現，假如可以想出某種方法，使一個水滴的上方和下方有不同的電荷，同時可以有某理由，使在快速流動的氣流中的水滴，分裂成不相等的兩滴，由於在空氣中的運動，使較大的那滴在前，較小的那滴在後，如此我們可以得到一個理論。（與任何已知的理論都不同！）由於空氣的阻力，小水滴在空氣中掉落的速度會小於大水滴，因此我們得到電荷的分離。你看，我們可以編造出各種可能性。

比較有創意的理論中之一，是由威爾生（Charles Thomson Rees Wilson）提出的，它在許多方面的說理，都比水滴破碎說來得令人信服。我們就照威爾生的說明，以水滴為討論的對象，雖然同樣的現象也會發生在冰。假如我們有一滴水滴，在每公尺 100 伏特的電場中，往帶負電的地球掉落。這水滴會有一個感應的偶極矩：水滴的下方帶正電，上方帶負電，如圖 9-13 所示。在空氣中有一些我們先前提到的「核」存在，也就是緩慢運動的大離子。（快速運動的離子在這裡沒有重要的效應。）假如有一滴水滴下降，並靠近一個大離子。假如這離子帶正電，它會受水滴底部的正電排斥，而被推開，所以不會黏在水滴上。然而，假如離子是從上方趨近水滴，它可能受水滴上方的負電吸住，使兩者黏在一起。但因為水滴是在空氣中降落，所以有相對的向上氣流，氣流會將空氣中走得太慢的離子帶走。所以正離子也沒有辦法黏在水滴上方。

你可以看出，這個說法只能應用到慢動作的大離子上。這種型態的正離子沒有辦法黏附在下降中水滴的前方或後方。另一方面，當一些大且慢的負離子靠近水滴時，會被水滴黏住而結合在一起。

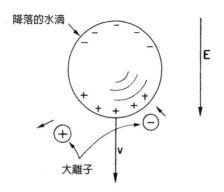

降落的水滴

E

v

大離子

<u>圖9-13</u> 威爾生理論解釋雷雨中的電荷分離

水滴會抓住負電荷，電荷的正負號是由整個地球原先的電位差所決定，所以我們得到正確的符號。水滴會將負電荷帶到雲的底層，遺留下來的正離子會受各種往上的氣流帶到雲的上層。這理論看起來非常好，至少它得到正確的正負號。另外它也不是只能用到液體的水滴上。當我們學到介電質的極化時，我們知道小冰塊也會有同樣的現象。在電場中，小冰塊也會在兩端各帶正電和負電。

然而，甚至這個理論也有一些問題。首先，雷雨所牽涉的總電量非常的大。在很短的時間內，大離子的供給就會用完。所以威爾生和一些其他科學家需要再提出另一個假設，也就是大離子有其他的來源。當電荷分離一開始，就會發展出強大的電場，而在這強電場中，有某些地方的空氣離子化了。假如有一個非常高的帶電點，或一個很小物體，如水滴，就可以使電場集中得夠強，形成「刷形放電」。

當電場夠強時（假設它是正的），電子會被吸入，同時在碰撞間速度加快。如果電子的速度夠快，在碰撞到原子時會把原子的電

子撞開，使原子帶正電。被撞出的電子也會被加速，再撞出更多電子。所以這連鎖反應有如雪崩般發生，快速積集了很多離子。正離子會留在原先位置的附近，所以淨效應是把正電荷從集中一個點，變成分散在該點附近。當然，最後強電場不復存在，而整著過程也就停止了。這是刷形放電的特性。

在雲中可能有足夠強的電場發生刷形放電；但也可能存在其他機制，當這機制一經啓動，就會產生很大量的離子化。但是沒有人知道它真正是如何發生的。所以閃電發生的基本原理，並沒有人知道得很透澈。我們知道它是從雷雨而來。（當然我們知道，雷是由閃電而來：由閃電釋放出的熱能而來。）

至少，我們可以瞭解大氣中靜電荷的部分來源。由於雷雨中空氣的電流、離子和水滴作用於冰粒子，使正電荷和負電荷分離。正電荷被帶到雲的上層（見圖9-11），負電荷在閃電襲擊中被丟到地球上。正電荷離開雲的上層，跑到更高海拔、有更高電導係數的氣層，並散開分布到整個地球。在天氣晴朗的地區，此層的正電荷，經由空氣中的離子（由宇宙線、海洋、或人類活動等產生的離子）慢慢傳導到地球。大氣是忙碌的電機器。

9-6 閃電

閃電襲擊時到底發生了什麼事的第一手證據，是手拿著照相機開著快門、左右移動（對準預期會有閃電發生的地方）拍下來的許多照片。第一次用這種方法照出來的一些相片，很清楚的顯示，閃電襲擊通常是不只一次沿著相同路徑放電。後來發展出「波以士」（Boys）照相機，它的**兩個**鏡頭安裝在一個可快速轉動的盤上，安裝角度相差180度。每一個鏡頭照出來的相片沿底片移動：相片順

著時間展開。例如,如果襲擊重複了,將有兩個影像互相緊鄰。比較兩個鏡頭照出的影像,就可能得知這些閃電隨時間變化的細節。圖9-14顯示出一個用波以士照相機照出來的影像。

現在我們來描述閃電。再說一遍,我們並不完全知道它是如何發生的。我們只給一個它**看起來**是怎麼樣子的定性描述,但不解釋它**為何**會發生的細節。我們只描述一般在平坦鄉村的雲,它的底部是帶負電荷的,電位比在它下方的地球還低,所以帶負電荷的電子

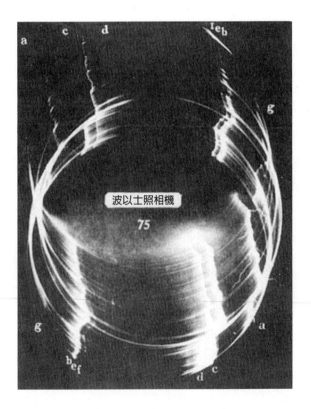

圖9-14 用波以士照相機拍攝的閃電照片(取自Schonland, Malan, and Coallens, *Proc. Roy. Soc. London*, Vol. 152 (1935).)

會加速往地球跑。發生的過程如下所述。由「先導閃電」（step leader）開始，它並不如閃電襲擊時那麼亮。在照片上我們可以看到，最先在雲裡開始出現一個小亮點並開始快速往下移動，速度可達光速的 1/6 ！。它走了約 50 公尺就停住了。過了約 50 微秒，又開始另一步。它又暫時停住了，然後又開始另一步，如此這般。經過一系列的步驟，沿如圖 9-15 所示的路徑往地面走。

先導閃電由雲裡帶了一些負電荷；而其後整個圓柱也都充滿負電荷。同時產生先導閃電的電荷快速運動，使周圍空氣離子化，所以這些軌跡旁的空氣也變成具有導電性。在先導閃電抵達地面的那一刻，我們有一條充滿負電荷的導電「線」，由地面連接到雲端。終於，雲裡的負電荷可以很容易的跑掉。先導底部的電子最先跑

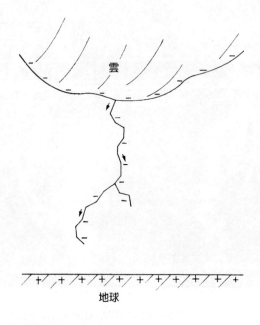

圖 9-15　「先導閃電」的形成

掉，留下正電荷，它們吸引了先導上方的負電荷下來，再把它們放走，諸如此類。所以最後雲裡的所有負電荷，都順著圓柱快速帶著能量跑了。所以你**看到**的閃電襲擊，是由地面**往上**放電，如圖 9-16 所示。事實上，主要的襲擊——到此階段最亮的部分，叫做**回電擊**（return stroke）。它是產生非常亮的光以及熱的來源，這個熱使空氣快速膨脹，產生打雷的聲響。

　　但是我們還沒講完。也許經過百分之幾秒鐘的時間，回電擊消失了，另一個先導閃電又下來了。但是這一次沒有暫停。這次叫做「突進導閃」（dart leader)，直接往下衝——從上到下一次襲擊下來。它沿原來的軌跡以全速下來，這痕跡上的碎片，使它成為最容易的路徑。新的先導閃電仍然一樣滿載負電荷。當它碰到地上時，會砰

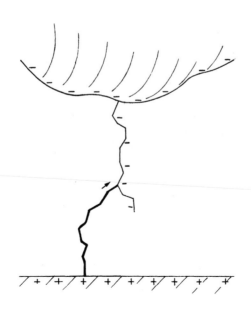

圖 9-16　返回的閃電襲擊，依照先導閃電的路徑回去。

一聲！有一個回電擊沿原來的路徑直接往上走。所以你看閃電一次、一次、再一次的襲擊。有時它襲擊一次或兩次，有時則五次、甚至十次（曾經有一次沿同一軌跡進行 42 次的襲擊），但總是很快且連續的發生。

有時候事情變得更複雜。例如，有時先導閃電在某次暫停後，後續發展成**兩個**分支的閃電，兩者都往地面走，但是方向有點不同，如圖 9-15 所示。再來會發生什麼事，就要看其中一個分支是否確定會比另一個分支早抵達地面。假如是這樣，則明亮的回電擊（把負電荷丟棄到地面）會沿先觸地的軌跡**往上**走，當它往回雲端而到達分支點時，明亮的襲擊會沿另一個分支**往下**走。為什麼會這樣呢？因為負電荷是往下被丟棄，亮光沿閃電往上走。電荷於是在第二個分支上方移動，將這個較長的連續分支的電荷吸光，所以閃電的亮光是沿該分支走往下走，同時也往上返回到雲端。然而，如果多出來的先導閃電分支中的一支，和原先的先導閃電幾乎同時到達地面，有時第二個襲擊的**突進**導閃會走第二個分支的軌跡。於是你會看到第一個主要的閃光發生在一個地方，而第二個閃光發生在另一個地方。這是原先想法的一種變化。

另外，我們對於很靠近地面處的描述是過於簡化的。當先導閃電距離地面約 100 公尺左右時，有證據顯示地面的電荷會上升來和它放電。由於電場夠大，使得刷形放電很可能會發生。例如，假如有一個尖的物體，像建築物的屋頂有突出點，於是當先導閃電下降到附近時，電場會大到使尖端開始放電，往上達到先導閃電。閃電趨向於襲擊這種突出點。

很顯然，長久以來人類就知道高的物體會被閃電襲擊。古波斯國王薛西斯（Xerxes）想征服他所知的全世界並置於波斯統治之下，在深思要攻打希臘時，軍師阿塔巴尼斯（Artabanis）給他建

言。阿塔巴尼斯說：「看看上帝總是用閃電襲擊較大的動物，不容許牠們變得更高傲，而較小的物體則不會惹惱上帝。同樣的，閃電總是落在最高的房子和最高的樹木。」他又解釋他的理由：「所以明白的說，上帝喜歡將自我誇大的任何東西拉下來。」

現在你已經知道閃電襲擊高大樹木的真正原因了，你是否認為自己對國王在軍事上的建言，會比2300年前阿塔巴尼斯所給的更有智慧？不要自我膨脹。你的建言只會更缺乏詩意而已。

The Feynman 閱讀筆記

國家圖書館出版品預行編目資料

費曼物理學講義 II 電磁與物質／費曼（Richard P. Feynman）、雷頓（Robert B. Leighton）、山德士（Matthew Sands）原著；鄭以禎、李精益譯. -- 第一版. -- 臺北市：天下遠見, 2008.11

　　冊；　公分. --（知識的世界；1207-1208）

第 1 冊：靜電與高斯定律；第 2 冊：介電質、磁與感應定律

譯自：The Feynman Lectures on Physics, The Definitive Edition Volume 2

ISBN 978-986-216-230-9（第 1 冊：精裝）

ISBN 978-986-216-231-6（第 2 冊：精裝）

1. 物理學

330　　　　　　　　　　　　　　　　97019966

典藏天下文化叢書的 5 種方法

1. 網路訂購

歡迎全球讀者上網訂購，最快速、方便、安全的選擇

天下文化書坊 **www.bookzone.com.tw**

2. 請至鄰近各大書局選購

3. 團體訂購，另享優惠

請洽讀者服務專線 (02) 2662-0012 或 (02) 2517-3688 分機 904

單次訂購超過新台幣一萬元，台北市享有專人送書服務。

4. 加入天下遠見讀書俱樂部

■ 到專屬網站 rs.bookzone.com.tw 登錄「會員邀請書」

■ 到郵局劃撥 帳號：19581543 戶名：天下遠見出版股份有限公司

　（請在劃撥單通訊處註明會員身分證字號、姓名、電話和地址）

5. 親至天下遠見文化事業群專屬書店「93 巷‧人文空間」選購

地址：台北市松江路 93 巷 2 號 1 樓　電話：(02) 2509-5085

知識的世界207

費曼物理學講義 II ——電磁與物質
(1)靜電與高斯定律

原　　著／費曼、雷頓、山德士
譯　　者／鄭以禎
審 訂 者／高涌泉
顧 問 群／林和、牟中原、李國偉、周成功
科學館總監／林榮崧
責任編輯／徐仕美、林文珠
美術編輯暨封面設計／江儀玲

出 版 者／天下遠見出版股份有限公司
創 辦 人／高希均、王力行
遠見・天下文化・事業群　董事長／高希均
事業群發行人／CEO／王力行
出版事業部總編輯／許耀雲
版權暨國際合作開發協理／張茂芸
法律顧問／理律法律事務所陳長文律師　　著作權顧問／魏啓翔律師
社　　址／台北市104松江路93巷1號2樓
讀者服務專線／（02）2662-0012　　傳真／（02）2662-0007；2662-0009
電子信箱／cwpc@cwgv.com.tw
直接郵撥帳號／1326703-6號 天下遠見出版股份有限公司

電腦排版／極翔企業有限公司
製 版 廠／凱立國際資訊股份有限公司
印 刷 廠／崇寶彩藝印刷股份有限公司
裝 訂 廠／源太裝訂實業有限公司
登 記 證／局版台業字第2517號
總 經 銷／大和書報圖書股份有限公司　電話／（02）8990-2588
出版日期／2008年11月10日第一版第1次印行

定　　價／360元
原著書名／The Feynman Lectures on Physics, The Definitive Edition Volume 2
by Richard P. Feynman, Robert B. Leighton, Matthew Sands
Authorized translation from the English language edition, entitled THE FEYNMAN LEC-
TURES ON PHYSICS, THE DEFINITIVE EDITION VOLUME 2, 2nd Edition, ISBN:
0805390472 by FEYNMAN, RICHARD P.; LEIGHTON, ROBERT B.; SANDS, MATTHEW,
published by Pearson Education, Inc, publishing as Benjamin Cummings.
Copyright © 2006 by California Institute of Technology
Complex Chinese Edition Copyright © 2008 by Commonwealth Publishing Co., Ltd., a mem-
ber of Commonwealth Publishing Group
All rights reserved. No part of this book may be reproduced or transmitted in any form or by
any means, electronic or mechanical, including photocopying, recording or by any informa-
tion storage retrieval system, without permission from Pearson Education, Inc.
本書由 Pearson Education, Inc.授權出版。未經本公司及原權利人書面同意授權，不得以任
何形式或方法（含數位形式）複印、重製、存取本書全部或部分內容。

ISBN: 978-986-216-230-9（英文版 ISBN: 0-8053-9047-2）

書號： BW1207

BOOK zone 天下文化書坊　http://www.bookzone.com.tw

※本書如有缺頁、破損、裝訂錯誤，請寄回本公司調換。